常见
禽病及其防制

CHANGJIAN QINBING JI QI FANGZHI

亢文华　翟新验　陈西钊　主编

U0256198

中国农业出版社

自 1978 年改革开放以来，我国养禽业快速发展，取得了举世瞩目的成就，养禽业已经成为中国畜牧业的支柱产业。现在我国家禽存栏量、禽肉、禽蛋产量均居世界首位，年养禽 150 亿只以上，年产禽蛋 2 100 万吨以上，禽肉 1 200 万吨以上，成为了世界养禽大国，确保了消费需求和人民生活水平的提高。尽管我国已经成为世界养禽大国，但我国还不是禽业强国，其中疫病是影响我国养禽业发展的最主要因素。随着从国内外频繁引种以及养殖场饲养年限的增加，疫病的种类，如禽流感、禽白血病、鸡传染性贫血、鸡传染性支气管炎等也在不断增多。

如何实现疫病的快速、准确诊断和防制成为养禽生产的重要保障。为有效指导禽病防控，中国动物疫病预防控制中心从实用的角度出发，组织有关专家，结合实验室多年的接诊、出诊实践，编写了这本《常见禽病及其防制》。本书将所涉及的禽病按病原分成细菌病、真菌病、病毒病和寄生虫病，便于阅读时快速查找。全书从流行特点、临床症状、剖检病变、诊断、综合性防制措施五个方面，对临床常见的 33 种禽病进行了全面系统而又重点突出的阐述，旨在以通俗、易懂、实用的形式为养殖场（户）和基层兽医工作者防控禽病提供参考。

2015 年 1 月 28 日

　　《常见禽病及其防制》是中国动物疫病预防控制中心工作人员编写的一本用于指导养禽生产实践的书籍。本书结合了中国动物疫病预防控制中心工作人员多年的临床诊断经验，又参考了国内外最新禽病相关资料编写而成。

　　本书共分三十三节，每一节介绍一个禽病，三十三个禽病均为临床上常见的禽病，包括病毒病、细菌病、真菌病和寄生虫病。内容上力求贴近临床、贴近生产，对每一种病的叙述侧重于流行特点、临床症状、剖检病变、诊断、综合防制措施等实用性较强的内容，而对致病机理、实验室诊断技术等内容作了简化甚至省略。

　　本书适用于养殖场、户和临床兽医使用，也用于从事动物疫病相关工作的人员和实验室人员。在本书在编写过程中得到中国动物疫病预防控制中心全体的支持和指导，才学鹏主任亲自为本书作序，在此一并表示衷心的感谢。

　　由于编者水平有限，不足之处在所难免，恳请读者批评指正。

编　者

2015 年 1 月

目录

序
前言

第一章　细菌病和真菌病 ……………………………………… 1

　第一节　大肠杆菌病 …………………………………… 1

　第二节　沙门氏菌病 …………………………………… 8

　第三节　禽霍乱 ………………………………………… 13

　第四节　禽葡萄球菌病 ………………………………… 18

　第五节　禽结核病 ……………………………………… 22

　第六节　鸡毒支原体感染 ……………………………… 26

　第七节　传染性鼻炎 …………………………………… 30

　第八节　鸭传染性浆膜炎 ……………………………… 34

　第九节　溃疡性肠炎 …………………………………… 37

　第十节　鸡弧菌性肝炎 ………………………………… 40

　第十一节　禽曲霉菌病 ………………………………… 42

第二章　病毒病 ………………………………………………… 50

　第十二节　禽痘 ………………………………………… 50

　第十三节　禽流行性感冒 ……………………………… 54

　第十四节　新城疫 ……………………………………… 58

　第十五节　传染性支气管炎 …………………………… 63

　第十六节　传染性喉气管炎 …………………………… 66

　第十七节　鸡马立克氏病 ……………………………… 70

　第十八节　禽白血病 …………………………………… 74

第十九节 传染性法氏囊病 ………………………… 78

第二十节 禽脑脊髓炎 ………………………… 84

第二十一节 产蛋下降综合征 ………………………… 87

第二十二节 鸭瘟 ………………………… 90

第二十三节 鸭病毒性肝炎 ………………………… 94

第二十四节 小鹅瘟 ………………………… 96

第二十五节 鸡传染性贫血 ………………………… 99

第二十六节 网状内皮组织增殖症 ………………………… 102

第三章 寄生虫病 ………………………… 110

第二十七节 球虫病 ………………………… 110

第二十八节 住白细胞虫病 ………………………… 114

第二十九节 组织滴虫病 ………………………… 117

第三十节 吸虫病 ………………………… 120

第三十一节 绦虫病 ………………………… 125

第三十二节 线虫病 ………………………… 128

第三十三节 外寄生虫病 ………………………… 133

第一章

细菌病和真菌病

第一节　大肠杆菌病

　　禽大肠杆菌病是由埃希氏大肠杆菌引起的多种病的总称，包括大肠杆菌性肉芽肿、腹膜炎、输卵管炎、脐炎、滑膜炎、气囊炎、眼炎、卵黄性腹膜炎等疾病，对养禽业危害严重。鸡大肠杆菌病是由埃希氏大肠杆菌引起的一种常见病，其特征是引起心包炎、肝周炎、气囊炎、腹膜炎、输卵管炎、滑膜炎、大肠杆菌性肉芽肿和脐炎等，是禽类胚胎和雏禽死亡的重要病因之一。

一、流行特点

　　多种类型的禽和各种日龄的禽均可感染大肠杆菌，以鸡、火鸡、鸭最为常见。1月龄前后的雏鸡发病较多，但1日龄即能感染，其中肉鸡较蛋鸡更为敏感。在鸡蛋内和表面均含有此菌，正常情况下有0.5%～6%的带菌率，易造成鸡胚在孵化中早期死亡，以及后期死胚、弱雏。育成鸡和成鸡较雏鸡的抵抗力强。

　　最主要的传染途径是呼吸道，但也可通过消化道、蛋壳穿透、交配感染等传染。

　　发病禽和带菌禽是本病的主要传染源，带菌禽的粪便，以及被粪便污染的舍、栏、笼、垫草、饲料、饮水、管理人员的靴鞋及服装等均能传播本病。鼠是本菌的携带者。

本病一年四季均可发生，但以冬春寒冷和气温多变季节多发，同时也与饲养管理、营养、应激等因素密切相关。该病常与慢性呼吸道病、新城疫、传染性支气管炎、传染性法氏囊病、马立克氏病、曲霉菌病、葡萄球菌病、绿脓杆菌病、沙门氏菌病、念珠菌病、球虫病、腹水症等混合感染。

二、临床症状

禽大肠杆菌病无特征性临床症状，疾病表现与其发生感染的日龄、感染持续时间、受侵害的组织器官以及是否并发其他疾病有关。本病在临床上有以下多种类型：急性败血型，内脏型，卵黄性腹膜炎型，生殖型（输卵管炎、卵巢炎、输卵管囊肿），腹膜炎，大肠杆菌性肉芽肿，神经型（脑炎型），眼炎型，皮肤型，肿头型，肠炎型，骨髓炎型，卵黄囊炎，脐炎型。危害最大的是急性败血型，但近几年神经型、眼炎型及生殖型大肠杆菌病在国内时有发生，而其他类型则较少发生。共同症状表现为精神沉郁，食欲下降，羽毛粗乱，消瘦。侵害呼吸道后会出现呼吸困难，黏膜发绀；侵害消化道后会出现腹泻，排绿色或黄绿色稀便；侵害关节后表现为跗关节或趾关节肿大，在关节的附近有大小不一的水疱和脓疮，病鸡跛行；侵害眼时，眼前房积脓，有黄白色的渗出物；侵害大脑时，出现神经症状，表现为头颈震颤，角弓反张，呈阵发性发作。

本病的临床表现因禽的种类不同而有所差异。

（一）鸡大肠杆菌病

临床上可见如下几种表现：

1. 胚胎时死亡，见不到症状。出壳后可见卵黄吸收不良，生长缓慢，多发脐带炎。病程稍长的，常出现心包炎。

2. 败血症型患鸡精神不振，食欲减少，渴欲增加，羽毛松乱，出现水样便腹泻。

3. 患眼炎的鸡，眼睑肿胀，结膜上有大量干酪化物。

4. 患气囊炎时，表现呼吸困难。

5. 患大肠杆菌性肉芽肿。

6. 患大肠杆菌脑膜炎时，病鸡昏睡或头向后仰，呈现"观星"状。

7. 患滑膜炎和关节炎时，多见颈、跖及翅等处关节肿大，跛行。

（二）鸭大肠杆菌病

病鸭精神不振，站立不稳，绝饮，口有分泌物，呼吸困难，粪便稀薄，多于患病后 2～4 天死亡。

（三）鹅大肠杆菌病

母鹅大肠杆菌病又称鹅大肠杆菌性卵黄腹膜炎。按病程长短分为急性型、亚急性和慢性型三种。

急性型：病鹅迅速死亡，仅见有硬壳蛋或软壳蛋滞留于泄殖腔内。

亚急性型：初期精神不振，食欲减少，不愿行走；后期停食，眼窝下陷。喙和蹼发绀，羽毛松乱。腹泻，粪便多呈蛋花汤样，混有凝固蛋白和蛋黄，并带有蛋清。泄殖腔周围羽毛沾污恶臭粪便。一般在出现症状后 2～6 天死亡。

慢性型：病程可达 10 天以上，部分消瘦，死亡；部分患病鹅虽可康复，但产蛋下降。

病公鹅症状仅限于阴茎，充血，显著肿大，部分外露，不能缩回，失去交配能力。

幼鹅发病表现为精神不振、站立不稳、头向下弯曲、喙触地、流涎、流泪；停食、喘气、发出呼噜声；水样腹泻，粪便呈黄白色；发病后 3～5 天死亡。

三、剖检病变

大肠杆菌侵害的部位不同，病理变化也不同。

败血症型：此型鸭最多见，表现为突然死亡，皮肤、肌肉瘀血；血液凝固不良，呈紫黑色；肝脏肿大，呈紫红色或铜绿色，肝脏表面散在白色的小坏死灶；肠黏膜弥漫性充血、出血，整个肠管呈紫色；心脏体积增大，心肌变薄，心包腔充满大量淡黄色液体；肾脏体积肿大，呈紫红色；肺脏出血、水肿。

肝周炎型：肝脏肿大，肝脏表面有一层黄白色的纤维蛋白附着。肝脏变形，质地变硬，表面有许多大小不一的坏死点，严重者肝脏渗出的纤维蛋白与胸壁、心脏、胃肠道粘连。脾脏肿大，呈紫红色。

气囊炎型：多侵害胸气囊，也能侵害腹气囊。表现为气囊混浊，气囊壁增厚，气囊不透明，气囊内有黏稠的黄色干酪样分泌物。早期的显微变化为水肿及异嗜细胞浸润，在干酪样渗出物中有多量成纤维细胞增生和大量的死亡异嗜细胞积聚。

纤维素性心包炎型：表现为心包膜混浊，增厚，心包腔中有脓性分泌物，心包膜及心外膜上有纤维蛋白附着，呈白色，严重者心包膜与心外膜粘连。镜检发现，心外膜内有多量异染性细胞浸润，邻近心外膜的心肌间有多量淋巴细胞和浆细胞积聚，心肌纤维变性。

肉芽肿型：侵害雏鸡与成年鸡，以心脏、肠系膜、胰脏、肝脏和肠管多发。且在这些器官可发现粟粒大的肉芽肿结节，肠系膜除散发肉芽肿结节外，还常因淋巴细胞与粒性细胞增生、浸润而呈油脂状肥厚。结节的切面呈黄白色，略现放射状、环状波纹或多层性。镜检结节中心部含有大量核碎屑的坏死灶。由于病变呈波浪式进展，故聚集的核碎屑物呈轮层状；坏死灶周围环绕上皮样细胞带，结节的外围可见厚薄不等的普通肉芽组织，其中尚有异染性细胞浸润。

关节炎型：此型多见于幼鹅、中雏鹅及肉仔鸡，感染后慢性经过的多见于跗关节和趾关节肿大，关节腔中有纤维蛋白渗出或有混浊的关节液，滑膜肿胀，增厚。

眼炎型：单侧或双侧眼肿胀，有干酪样渗出物，眼结膜潮红，严重者失明。镜检见全眼都有异染性细胞和单核细胞浸润，脉络膜充血，视网膜完全被破坏。

鸡胚与幼雏早期死亡型：由于蛋壳被粪便沾污或产蛋母鸡患有大肠杆菌性卵巢炎或输卵管炎，致使鸡胚卵黄囊被感染。故鸡胚在孵出前，尤其是临出壳时即告死亡。受感染的卵黄囊内容物，从黄绿色黏稠物变为干酪样物，或变为黄棕色水样物。除卵黄变化外，多数病雏还有脐炎，出壳4天以上的雏鸡经常伴发心包炎。被感染的鸡胚或雏鸡若不死亡，则常出现卵黄不吸收或生长不良。镜检时，受感染的卵黄囊壁水肿，卵黄囊的外层为结缔组织，接着是含有异染性细胞和巨噬细胞的炎性细胞层，随后则是一层巨细胞、一层坏死异染细胞和细菌团块，最内层为感染的卵黄。

脑炎型：幼雏及产蛋鸡多发。脑膜充血、出血，脑实质水肿，脑膜易剥离，脑壳软化。中性细胞和单核细胞浸润，脉络膜充血，视网膜完全被破坏。

输卵管炎型：产蛋鸡常发生慢性输卵管炎，其特征是输卵管高度扩张，内积异形蛋样渗出物，表面不光滑，切面呈轮层状，输卵管黏膜充血、增厚。镜检上皮下有异染性细胞积聚，干酪样团块中含有许多坏死的异染性细胞和细菌。

卵黄性腹膜炎型：此型成年母鸡和鹅多见。由于卵巢、卵泡和输卵管感染发炎，进一步发展成为广泛的卵黄性腹膜炎，故大多数病禽往往突然死亡。剖检，腹腔中充满淡黄色腥臭的液体和破损的卵黄，腹腔脏器的表面覆盖一层淡黄色、凝固的纤维素性渗出物，肠系膜发炎，肠袢互相粘连，肠浆膜散在针头大的点状出血。卵巢中的卵泡变形，呈灰色、褐色或酱色等不正常色泽。有的卵泡皱缩，滞留在腹腔中的卵泡，如果时间较长即凝固成硬块，切面成层状；破裂的卵黄则凝结成大小不等的碎片，输卵管黏膜发炎，有针头状出血点和淡黄色纤维素性渗出物沉着，管腔中也有黄白色的纤维素性凝片。

肠炎型：肠炎型是鹅大肠杆菌病的常见病型。病鹅腹膜充血、出血，肠浆膜变厚，形成慢性肠炎，有的形成慢性腹膜炎。

混合型：兼有以上两种或多种病型的病变。

四、诊断

（一）现场诊断

根据流行病学、临床表现和病理变化可作出初步诊断。

（二）实验室诊断

确诊需作细菌分离和鉴定。取病变明显脏器，作为被检材料，接种于麦康凯琼脂平板、伊红—美蓝琼脂平板或鲜血琼脂平板培养基培养后，挑取可疑菌落，接种于普通琼脂斜面，做染色镜检及生化试验。

将被检菌株培养物分别与标准分型血清做平板凝集或试管凝集试验，确定血清型。此外，还要必须测定肠毒素和黏附因子。如不作血清型鉴定，而能证实产生 LT 毒素和黏附因子也可确诊。

五、综合性防制措施

（一）预防

1. 综合性措施

（1）选好场址和病禽隔离饲养　场址应建立在地势高燥、水源充足、水质良好、排水方便、远离居民区和其他禽场、屠宰或畜产加工厂的地方。

（2）搞好禽舍环境卫生　禽舍空气通畅，降低鸡舍内氨气等有害气体的浓度和尘埃，并定期消毒。

（3）加强饲养管理　及时淘汰处理病鸡；采精、输精严格消毒，每只鸡使用一个消毒的输精管；保持营养平衡，保证饲料、垫料、饮水无污染；做好灭鼠工作。

（4）搞好其他常见病毒病，如新城疫、传染性法氏囊病、传染性支气管炎、马立克氏病等的免疫，控制好支原体、传染性鼻炎等细菌病。建立科学的免疫程序，使鸡群保持较好的免疫水平。

（5）加强孵化厅、孵化用具的消毒卫生管理　种蛋孵化前进行熏蒸或消毒，淘汰破损明显或有粪迹污染的种蛋。

（6）实行自繁自养，全进全出管理方式，在进出间隙，对笼舍、用具和人员服装进行彻底消毒、清洗，适当空舍后再用，防止连续使用引起大肠杆菌持续大量生长繁殖。

2. 疫苗接种　目前已研制出针对主要致病血清型 O2：K1 和 O78：K80 的灭活菌苗。但鉴于大肠杆菌血清型较多，不同血清型抗原性不同，菌株之间缺乏完全保护，不可能针对所有养禽场流行的致病血清型疫苗，因此这种菌苗有一定的局限性。目前较为实用的方法是，在常发病的养禽场，可从本场病禽中分离致病性的大肠杆菌，选择几个有代表性的菌株制成自家（或优势菌株）多价灭活佐剂菌苗。在鸡 7～15 日龄、25～35 日龄、120～140 日龄各免疫 1 次，对减少本病的发生具有较好的效果。

（二）治疗

用于治疗本病的药物较多，如氨苄青霉素、金霉素、新霉素、庆大霉素、萘啶酸、土霉素、多黏菌素 B、壮观霉素、链霉素及磺胺类药物。但某些抗菌类药物对不同动物来源的大肠埃希氏菌或不同区域来源的菌株常表现出一定的敏感差异性，主要是因为对抗菌类药物的不合理使用使耐药菌株不断增加,尤其是对那些长时间广泛使用的药物。因此,选择药物时必须先进行药敏试验,盲目使用药品不仅效果不佳,而且会使养殖成本增加,效益降低。在实际用药时,最直接有效的方法是对分离菌株作药物敏感性测定,选择敏感药物,要采取"轮换"或"交替"用药方案,同时药物剂量要充足。因此,要获得抗菌类药物对大肠埃希氏菌感染的确切治疗效果,应有计划地交替使用有效药物。

(亢文华　翟新验)

第二节　沙门氏菌病

禽沙门氏菌病是指由沙门氏菌属中的任何一个或多个成员引起禽类的一大群急性或慢性疫病。主要包括两大类:一类为由不运动的鸡白痢沙门氏菌和鸡伤寒沙门氏菌感染引起的鸡白痢和禽伤寒,鸡白痢以雏鸡拉白痢为特征,禽伤寒以成年鸡发生急性或慢性败血病为特征;另一类为由多种具有运动性的沙门氏菌(其中最常见的是肠炎沙门氏菌和鼠伤寒沙门氏菌)引起的禽副伤寒,可感染人类和多种动物,在肠道定居,但较少引发禽群急性全身性感染。沙门氏菌既可经蛋垂直传播,又可经病鸡、带菌鸡及其粪便污染的饲料、饮水及用具等水平传播。

随着家禽产业的飞速发展,禽沙门氏菌病已经成为最重要的蛋媒细菌病之一,在我国广泛流行,因而被列入《国家中长期动物疫病防治规划(2012—2020年)》种禽场净化考核标准中。鸡白痢和禽伤寒被世界动物卫生组织列为法定报告的疫病之一,也是我国二类动物疫病,许多国家在检测、控制和净化该类疫病方面均投入了大量资金。禽副伤寒由于通过禽肉和蛋的沙门氏菌污染引起人类食物源性沙门氏菌感染,又具有重要的公共卫生意义。据美国 CDC 统计,美国沙门氏菌病的病例数每年在 140 万例以上,死亡约 400 例。仅 2000 年,就有 182 060 位美国人因食用污染的禽蛋感染了肠炎沙门氏菌。

一、流行特点

（一）鸡白痢和禽伤寒

传染源主要为病鸡和带菌鸡、带菌蛋。传播途径主要有垂直传播和水平传播两种，垂直传播是主要方式。带菌种鸡所产蛋孵出的下一代带菌鸡如果再作为种鸡生产出带菌蛋，则会形成恶性循环。水平传播既可通过啄肛、啄食带菌蛋及皮肤伤口传播，也可通过病鸡粪便、污染的饲料、饮水、垫料、孵化器、育雏室的环境、饲养管理、运输用具、饲养员、饲料商、购鸡者等媒介进行传播。感染雏鸡的接触传播主要的水平传播途径，发生于孵化器内。

本病的发生无季节性，流行呈散发性或区域性。鸡是鸡白痢沙门氏菌和禽伤寒沙门氏菌的自然宿主，不同品种的鸡对本病易感性存在着明显差异。体重较大的褐壳蛋鸡易感性高，体重较轻的白壳蛋鸡次之，母鸡发病率高于公鸡。鸡白痢主要发生于2～3周龄的雏鸡，发病率和死亡率最高。近年来，育成阶段的鸡发病也日趋普遍。禽伤寒则多发生于3周龄以上（12周龄以上易感）的青年鸡、成年鸡，并持续至产蛋期，但雏鸡死亡率高。

（二）禽副伤寒

禽副伤寒沙门氏菌的宿主范围极为广泛，各种家禽和野禽均易感，带菌禽、带菌蛋、养殖场环境、老鼠甚至人类都是家禽沙门氏菌感染的来源。传播途径与鸡白痢、禽伤寒类似。

二、临床症状

1. **雏禽** 种蛋被沙门氏菌污染后会导致高的死胚率，刚孵出的雏鸡还未见到症状就快速死亡。病雏表现为嗜睡、虚弱、食欲下降、生长不良、肛周黏附白色粪便，有的因粪便干结封住肛门周围，影响排粪。由于肛门周围炎症引起疼痛，故常发出尖锐的叫声，最后因呼吸困难及心力衰竭而死亡。在某些情况下，孵出后5～10天才可见到鸡白痢的症状，7～10天才有明显症状，死亡高峰多发生在2～3周龄。病鸡表现为倦怠，喜欢在加热器周围缩聚一团，翅膀下垂，姿态异常。有的雏鸡出现眼盲或关节肿胀，呈跛行症状。严重暴发后耐过鸡群，育成后大部分成为带菌者。

2. **育成禽和成年禽**　一般无明显的临床症状，多呈慢性或隐性感染。急性暴发禽伤寒时，表现为饲料消耗量突然下降、精神萎靡、羽毛松乱、鸡冠苍白萎缩、排黄绿色或绿色稀便。成年鸡以生殖系统损伤为主，可造成蛋鸡推迟1～2周开产，同时产蛋率降低20％左右，没有产蛋高峰，蛋壳质量不好，破损蛋增多，种鸡产蛋率低，种蛋的受精率、孵化率降低，孵出的雏鸡死亡率高。

三、剖检病变

1. **雏禽**　急性病例可见病雏肝脏、脾脏和肾脏肿大、充血，肝脏上面布满白色或黄色的针尖大小的坏死点。卵黄囊内容物呈奶油状或干酪样黏稠物。有呼吸道症状的病雏肺脏有白色结节。心包积液，心脏增大变形，有坏死点或结节，心包膜增厚发白。盲肠内有豆腐渣样物或血块。病菌侵入关节，可见跗关节肿胀，关节腔有黄白色液体。

2. **育成禽和成年禽**　急性死亡病例的主要变化在肝脏、脾脏、心脏、肺脏和肌胃。肝肿大为正常的2～3倍，呈暗红至深紫色，表面有黄白色或灰白色粟粒大坏死灶，质地极脆、易碎。腹腔积有大量血水，脾脏明显肿大。心包大多纤维化增厚，呈黄白色，心包积液，心肌上常有多个黄白色结节。肺脏有大小不等的灰色坏死灶。慢性病例主要病变在卵巢。卵黄囊变为灰色、红色、褐色，甚至绿色或灰黑色，其内容物呈煮熟样或液状，囊壁增厚，掉入腹腔，并常引起广泛的腹膜炎，使腹膜增厚，肠管粘连。卵泡萎缩、变形，输卵管膨大内有干酪样物。公鸡一侧或两侧睾丸肿大或萎缩，输精管闭塞。

四、诊断

（一）现场诊断

需要了解流行病学，观察临床症状和剖检病变，但是沙门氏菌感染的临床症状和病变不具有临床诊断意义，只有分离和鉴定细菌后才能确诊。

（二）实验室诊断

确诊需要分别进行鸡白痢沙门氏菌、鸡伤寒沙门氏菌、肠炎沙门氏菌等沙门氏菌的分离与鉴定。肝脏、脾脏、盲肠是分离细菌的首选器官。先用非选择性增菌培养基来促进少量沙门氏菌的增殖，再用选择性培养基进一步扩增沙门氏菌，选择具有沙门氏菌外形特征的菌落做生化和血清学试验，确定其属和血清型。在营养琼脂上培养 24 小时后，鸡白痢沙门氏菌生长成细小、光滑、半透明的菌落，鸡伤寒沙门氏菌生长成光滑、蓝灰色、湿润、圆形、完整的菌落。

全血（血清）平板凝集试验、试管凝集试验是监测养殖场禽群中鸡白痢和禽伤寒流行情况的血清学方法，且快速、简便，多用于禽沙门氏菌病的净化工作。

（三）鉴别诊断

禽沙门氏菌病引起的肝脏、脾脏和肠道病变与曲霉菌或其他真菌引起的肺脏病变类似，引起的雏鸡关节病变与滑液囊支原体、金黄色葡萄球菌、多杀性巴氏杆菌或猪丹毒丝菌所致的病变类似。成年鸡的卵巢感染病变与大肠杆菌、葡萄球菌、多杀性巴氏杆菌、链球菌的感染类似。应通过实验室诊断进行鉴别。

五、综合性防制措施

（一）预防

1. **综合性措施** 鉴于禽沙门氏菌病垂直传播的特征，只有建立无沙门氏菌的种群，并将其后代置于不与病鸡直接或间接接触的环境中孵化和育雏，同时采取全面的饲养管理措施，防止鸡白痢、禽伤寒、禽副伤寒传入禽群才能够有效预防和净化本病。主要措施有：①挑选健康种鸡种蛋建立健康鸡群，坚持自繁自养，坚持从无鸡白痢和禽伤寒的养殖场引进雏鸡或种蛋。②孵化时，用硫酸新霉素喷雾消毒孵化前的种蛋，拭干后再入孵，每次孵化前，孵化房及所有用具都要用甲醛消毒。③无鸡白痢和禽伤寒的鸡群不能与其他家禽混养。④雏鸡应饲养在易于清理和消毒的环境中。鸡舍及一切用具要注意经常清洁消毒。育雏室及运动场保持清洁干燥，饲料槽及饮水器每天清洗一次，并防止被鸡粪污染。育雏室温度维持恒定，并注意通风换气，避免过于拥挤。⑤饲喂颗粒料，减少沙门氏菌经饲料传入的可能性。⑥采取严格的生物安全措施，减少飞禽、鼠类、犬、猫、昆虫进入散播病原。

2. **疫苗接种** 鸡白痢和禽伤寒一般采取综合措施进行控制和净化，不鼓励使用疫苗免疫。禽伤寒 9R 株活疫苗，一般 8 周龄初免，16 周龄二免。

禽副伤寒沙门氏菌由于感染普遍，并造成人类感染，因此可进行灭活苗或弱毒苗接种，在欧盟已广泛应用。

（二）治疗

多种磺胺类药物、呋喃西林氯霉素、四环素和氨基糖苷类抗生素可有效减少沙门氏菌病引起的死亡。用于治疗的磺胺类药物包括磺胺嘧啶、磺胺甲基嘧啶、磺胺二甲嘧啶、磺胺喹恶啉。但是磺胺类药物常抑制机体生长，并可干扰饲料和饮水的摄入量，影响产蛋量。此外，由于目前多数种鸡场采用定期投喂大剂量抗菌药物来暂时性预防鸡沙门氏菌病的发生，因此导致沙门氏菌的耐药性问题日益突出，养殖场主应慎重使用抗生素。

（顾小雪　翟新验）

第三节　禽　霍　乱

禽霍乱是一种侵害家禽和野禽的接触性疾病，又名禽巴氏杆菌病、禽出血性败血症。该病自然潜伏期一般 2～9 天，呈现败血性症状，发病率和死亡率很高，但也常出现慢性或良性经过。由于对细菌学早期发展所起的作用，因此该病在传染病学的研究过程中具有很重要的意义，是农业部兽医部门重点研究传染病之一。

一、流行特点

该病对各种家禽，如鸡、鸭、鹅、火鸡等都有易感性，但鹅易感性较差，各种野禽也易感。禽霍乱造成鸡的死亡损失通常发生于产蛋鸡群，因这种年龄的鸡较幼龄鸡更为易感。16 周龄以下的鸡一般具有较强的抵抗力。但临床也曾发现 10 天发病的鸡群。自然感染鸡的死亡率通常是 0～20% 或更高，经常发生产蛋下降和持续性局部感染。断料、断水或突然改变饲料，都可使鸡对禽霍乱的易感性提高。

禽霍乱怎样传入鸡群，常常是不能确定的。慢性感染禽被认为是主要的传染源。垂直传播很少发生，多数畜禽都可能是带菌者，污染的笼子、饲槽等都可能传播病原。在禽群中的传播主要是通过病禽口腔、鼻腔和眼结膜的分泌物进行，这些分泌物污染了环境，特别是饲料和饮水。

二、临床症状

自然感染的潜伏期一般为2~9天，有时在引进病鸡后48小时内也会突然暴发，人工感染通常在24~48小时发病。由于家禽的机体抵抗力和病菌的致病力强弱不同，因此所表现的病状亦有差异，一般分为最急性型、急性型和慢性型三种病型。

最急性型：常见于流行初期，以产蛋高的鸡最常见，常于流行初期在禽群中突然发现死亡。有时只见病禽沉郁，不安，倒地挣乱，拍翅抽搐而死。病程短者数分钟，长者也不过数小时。

急性型：此型最为常见，病鸡主要表现为精神沉郁，羽毛松乱，缩颈闭眼，头缩在翅下，不愿走动，离群呆立。口、鼻分泌物增多，呼吸困难，张口吸气时发出"咯咯"声，常见腹泻，排出黄色、灰白色或绿色稀粪。体温升高至43~44℃，减食或不食，渴欲增加。鸡冠和肉髯变青紫色，有的病鸡肉髯肿胀，有热痛感。产蛋鸡停止产蛋，最后衰竭，昏迷而死亡。病程短的约半天，长的1~3天。

慢性型：由急性病例转化而来，或由低毒力毒株感染所致。一般表现局部感染。以慢性肺炎、慢性呼吸道炎和慢性胃肠炎较多见。病鸡鼻孔有黏性分泌物流出，鼻窦肿大，喉头积有分泌物而影响呼吸，常伴有腹泻。病鸡消瘦，精神委顿，冠苍白。局部关节发炎，常局限于腿或翼关节和腱鞘处，关节肿大，疼痛，跛行。有些鸡的肉髯、耳片或其他部位肿胀，随后坏死、脱落。病程可拖至1个月以上，但生长发育和产蛋长期不能恢复。

鸭发生急性霍乱的症状与鸡基本相似，常以病程短促的急性型为主。病鸭精神委顿，不愿下水游泳，即使下水，行动也缓慢，常落于鸭群的后面或独蹲一隅，闭目瞌睡。羽毛松乱，两翅下垂，缩头弯颈，食欲减少或不食，渴欲增加，嗉囊内积食不化。口和鼻有黏液流出，呼吸困难，常张口呼吸，并常常摇头，企图排出积在喉头的黏液，故有"摇头瘟"之称。病鸭排出腥臭的白色或铜绿色稀粪，有时粪便混有血液。有的病鸭发生气囊炎。病程稍长者可见局部关节肿胀，病鸭发生跛行或完全不能行走，还有见到掌部肿如核桃，切开有脓性和干酪样坏死。成年鹅的症状与鸭相似，仔鹅发病和死亡较成年鹅严重，常以急性为主，精神委顿，食欲废绝，腹泻，喉头有黏稠的分泌物。喙和蹼发绀，眼结膜有出血斑点，病程1～2天即死亡。

三、剖检病变

最急性型：死亡的病鸡无特殊病变，有时仅见心外膜有小出血点，肝脏有少量针尖大灰黄色坏死点。

急性型：病变较为典型，病鸡的腹膜、皮下组织及腹部脂肪常见小出血点。心外膜、腹膜、肠系膜等处有出血斑点。心包变厚，心包内积有多量不透明淡黄色液体，有的含纤维素絮状液体。肺脏有点状出血和暗红色肝变区。脏的病变具有特征性，稍肿，质变脆，呈棕色或黄棕色；表面散布有许多灰白色、针尖大小的坏死点。脾脏一般无明显变化，或稍微肿大，质地较柔软。肌胃出血显著，肠道尤其是十二指肠呈卡他性和出血性肠炎，肠内容物含有血液。

慢性型：因侵害的器官不同而有差异。当以呼吸道症状为主时，鼻腔和鼻窦内有多量黏性分泌物，某些病例见肺硬变。除见到急性病例的病变外，鼻腔、上呼吸道内积有黏稠分泌物，关节、腱鞘等发生肿胀部有黄灰色或黄红色浓稠的渗出物或干酪样坏死。公鸡的肉髯肿大，内有干酪样的渗出物；母鸡的卵巢明显出血，有时卵泡变形，似半煮熟样。

鸭的病理变化与鸡的基本相似，死于禽霍乱的鸭其心包内充满透明的橘黄色渗出液，心包膜、心冠脂肪有出血斑点。肺呈多发性肺炎，间有气肿和出血。鼻腔黏膜充血或出血。肝脏略肿大，表面有针尖状出血点和灰白色坏死点。肠道以小肠前段和大肠黏膜充血和出血最严重，小肠后段和盲肠较轻。雏鸭为多发性关节炎，主要可见关节面粗糙，附着黄色的干酪样物质或红色的肉芽组织。关节囊增厚，内含有红色浆液或灰黄色、混浊的黏稠液体。

四、诊断

（一）现场诊断

结合流行病学、临床症状和剖检病变，可以作出初步诊断。

（二）实验室诊断

确诊需要进行实验室诊断。取病鸡血涂片，肝脾触片经美蓝、瑞氏或姬姆萨氏染色，如见到大量两极浓染的短小杆菌，则有助于诊断。确诊需经细菌的分离培养及生化鉴定。

五、综合性防制措施

（一）预防

1. **综合性措施**　加强鸡群的饲养管理，平时严格执行鸡场兽医卫生防疫措施，以栋舍为单位采取全进全出的饲养制度，预防本病的发生是完全有可能的。

在禽霍乱流行严重的地区饲养禽类时，可密闭式饲养，做好鸟类、啮齿类动物和其他动物的隔离措施。如果发生了禽霍乱，应对禽群隔离封锁，并处理掉感染禽只。重新建群前，将所有房舍和设备清洗干净，并进行彻底消毒。

2. 疫苗接种 对流行地区或鸡场，药物治疗效果日渐降低。本病很难得到有效的控制，可考虑应用疫苗进行预防，但疫苗免疫期短，预防效果不理想。商品化的灭活苗和活苗均有市售。灭活苗通常是血清 Ⅰ、Ⅲ 和 Ⅳ 型多杀性巴氏杆菌全菌体细胞的油佐剂苗。由于菌苗不能对所有菌苗血清型的侵袭进行保护，并且这种保护作用不能维持整个产蛋周期，因此在定期对鸡群进行注射的同时，有条件的地方可进行本场分离细菌，经鉴定后制作自家灭活苗。实践证明，通过 1～2 年的免疫，本病可得到有效控制。

禽霍乱有许多很好的免疫程序，可以使用灭活苗、活疫苗或者两者混合使用。灭活苗通常需要免疫两次，初次免疫一般在 8～10 周龄，而二免在 18～20 周龄。也可以 10～12 周龄时使用活疫苗首免，在 18～20 周龄使用另一种活菌苗或灭活苗加强免疫。活苗免疫肉用种鸡时，免疫程序与灭活苗相似，且其免疫期长、抵抗的菌株范围广，但有可能引起慢性霍乱。另一种种鸡免疫程序是 8～10 周龄接种灭活苗，18～20 周龄免疫活苗。该程序的免疫保护范围广，且能最大限度地降低活苗诱导的慢性型禽霍乱。

（二）治疗

抗生素在禽霍乱的防治方面得到了广泛应用，但成效褒贬不一，这在很大程度上取决于治疗措施是否及时，以及选用的药物。由于不同的多杀性巴氏杆菌菌株对药物的敏感性不同，有时甚至出现耐药性——特别是在长期使用相同药物的情况下，因此进行药敏试验是十分必要的。

1. 磺胺类药物被广泛用于暴发病例的治疗 磺胺类药物最主要是抑菌，而不能直接杀菌，对局部脓肿的治疗无效，并对禽类有毒性作用。用磺胺二甲基嘧啶和磺胺二甲基嘧啶钠治疗试验感染的禽霍乱，家禽的死亡率可减少 63%～85%。在饲料中加入 0.5%～1% 或饮水中加入 0.1% 的药物，效果非常令人满意。

2. 抗生素类 青霉素，成年禽每只肌内注射 2 万～5 万单位，1 天 2～3 次，连用 2 天。土霉素，每吨饲料加入 1 500 克，或每只雏鸡每日口服 0.15～0.3 克，连用 5～7 天，停喂 3 天，如效果不好再喂 5～7 天。金霉素，每只雏鸡每天口服 10～20 毫克。

3. 敌菌净 每千克体重口服 30 毫克，首次剂量加倍，每天 2 次，连服 2～4 天。

（韩泰　陈西钊）

第四节　禽葡萄球菌病

葡萄球菌分布广泛，是皮肤和黏膜的正常菌系。但近年来，在人医和兽医中引起了广泛的重视：一方面由于其大量分泌毒素，可引发食物中毒；另一方面，近代抗生素的滥用造成耐药菌株的形成，严重威胁人类和动物的健康。

禽葡萄球菌病是由葡萄球菌引起的多型性传染病，主要表现为急性败血症或慢性关节炎、脐炎、眼炎等。所有禽类均易感，但 30～80 日龄雏鸡最易发病，病死率较高，且在成年鸡群中常呈现慢性感染，造成淘汰率增加，因此葡萄球菌病是集约化养鸡场中危害严重的疾病之一。该病造成的细菌性败血症在产蛋鸡中可引发急性死亡，与多杀性巴氏杆菌引起的禽霍乱相似。

禽葡萄球菌病最常见的致病菌种是金黄色葡萄球菌。金黄色葡萄球菌经革兰氏染色呈阳性，无菌毛，不能运动，不形成芽孢，镜下观察菌体为圆形或椭圆形，呈单个或不规则葡萄串状排列。是需氧菌兼性厌氧，易在血琼脂平板上生长，37℃培养 24 小时后可形成光滑、凸起、湿润、整齐、直径 1～3 毫米的圆形奶油状闪光菌落，呈金黄色。可产生 β 溶血，接触酶阳性，能分解葡萄糖和甘露醇。

葡萄球菌对外界抵抗力强，干燥条件下仍可生存数月，60℃ 30 分钟，80℃ 3 分钟或瞬间煮沸可被杀灭。耐盐性高，对 5% 石炭酸、龙胆紫、70% 乙醇溶液等消毒剂较为敏感。

一、流行特点

本病广泛发生于世界各地，各种家禽无论品种、年龄、性别均易感。以集约化养鸡场，尤其是 30～80 日龄的笼养鸡、网养鸡最易发病。本病的主要传染途径是皮肤和黏膜创伤，以及经呼吸道和消化道传播，刚出壳的雏鸡通过开张的脐孔感染也是常见传染途径。手术处理，如剪趾、断喙等，以及饲养管理不善，笼具不洁，饲养密度过大，鸡舍阴暗潮湿，通风不良，营养缺乏（特别是缺硒），消毒措施不到位，抗生素滥用和免疫抑制性疾病（如传染性贫血、马立克氏病、传染性法氏囊病、出血性肠炎病毒病、鸡痘病毒病等）都易诱发该病。

二、临床症状

本病潜伏期短，表现症状有多种类型，甚至由于病菌侵入动物机体的部位不同，常在同一感染群体中出现不同类型的症状，因此临床表现比较复杂。

1. **急性败血型** 常见病型，多见于雏鸡和育成鸡，发病急、病程短、死亡率高。有的不表现典型症状而突然死亡。大多数病鸡精神沉郁，体温升高，羽毛松乱，呆立不动。最典型的症状是皮下水肿，即胸、腹、股内皮下浮肿，滞留有数量不等的血样渗出液，局部羽毛脱落，呈紫色或紫黑色，有波动感，或呈现自然破溃，流出紫黑色液体，周围羽毛污浊。有的病鸡表现为局部炎症、出血、结痂和坏死等病变，一般出现在翅膀背面、腿部和头面部的皮肤。部分鸡下痢，排出灰白色或黄绿色稀便。可在2～5天内死亡，也有的发病后1～2天死亡，耐过者表现为关节炎和坏死性皮炎。

2. 慢性型　慢性型病例可分为关节炎型、坏死性皮炎型和脐炎型等不同的临床类型。

（1）关节炎型　是最常见的慢性炎症表现类型，多见于较大的青年鸡和肉种鸡，多由创伤感染引起。发生关节炎的病鸡表现跛行，多伏卧不动。可见多个关节炎肿胀，触摸敏感，关节呈紫红色或紫黑色，有的破溃结痂。有时现趾瘤，足垫肿大。病鸡尚有饮食欲，但因行动困难造成无法采食，常被其他鸡踩踏，消瘦衰竭死亡，病程大约2周。

（2）脐炎型　俗称"大肚脐"。主要是在孵化过程中鸡胚及新出壳的雏鸡脐孔闭合不全。病程短，死亡率高。病雏腹部膨大，脐孔发炎肿大外翻，局部呈现黄红色或紫黑色液体流出，通常在出壳后2～5天死亡。

（3）眼型　临床表现常呈单侧性上下眼睑肿胀、闭眼，有脓性分泌物粘连。用手分开时，则见眼结膜红肿，眼内有多量分泌物，并见有肉芽肿。有的头部肿大，眼睛失明。病鸡常因采食困难，饥饿衰竭而死。

（4）肺型　主要表现为全身症状及呼吸困难、肺炎。

三、剖检病变

急性败血型：全身败血症变化，皮肤、黏膜、胸肌广泛出血。胸、腹部皮下充血、出血，呈紫红色或黑红色，积有大量胶冻样红色或黄红色水肿液，水肿可延至两腿内侧、后腹部，前达嗉囊周围。胸、腹部及腿内侧见有散在出血斑点或条纹，尤以胸骨柄处肌肉为重，病程久者还可见轻度坏死。肝脏肿大，淡紫红色，有花纹，小叶明显，病程稍长者可见灰白色坏死点。脾肿大，呈紫红色，病程稍长者亦有白色坏死点。腹腔脂肪、肌胃浆膜等处有时可见紫红色水肿或出血。心包积液，呈黄红色半透明。

关节炎型：病变关节肿大，滑膜增厚、充血或出血，关节囊内有浆液或纤维素性渗出物，病程长者表现为关节畸形或结缔组织增生。

脐炎型：可见脐部肿大，黄红色或紫黑色。肝有出血点，卵黄吸收不良，病鸡体表不同部位有皮炎、坏死等病变。

四、诊断

（一）现场诊断

发病常与外伤性感染因素有关，胸、腹及股内皮下呈出血性水肿，外观呈紫黑色，皮肤脱毛、坏死和出血、关节炎和脐炎等。

（二）实验室诊断

取发病鸡的病变皮肤、渗出物、关节液、化脓灶的浓汁或败血症病例的血液、肝脏、脾脏组织涂片等进行革兰氏染色后镜检，可见到典型的葡萄球菌。也可接种于血液琼脂平板，37℃培养24小时后观察菌落特征，作涂片检查和生化试验鉴定。还可进一步做溶血性、甘露醇发酵试验等进行鉴定及做易感鸡接种试验。

（三）鉴别诊断

本病应注意与硒缺乏症、病毒性关节炎、支原体感染、禽霍乱和大肠杆菌感染等病相区分，主要区分手段是细菌学检测鉴定葡萄球菌。

五、综合性防制措施

(一)预防

加强饲养管理,定期消毒,特别是对种蛋、孵化室和鸡舍进行消毒。减少外伤,防止啄癖和过高密度饲养。供给优质饲料和清洁水源,保持鸡舍通风干燥,避免混群饲养。另外进行鸡痘的免疫接种有助于降低发病概率。

(二)治疗

葡萄球菌极易产生耐药性,对大多数药物不敏感,需要立即进行药物敏感试验,选出敏感抗生素及时进行治疗。可采用口服环丙沙星、肌内注射庆大霉素、口服或注射苯唑青霉素钠、口服红霉素等方式治疗。同时应对环境和用具进行严格消毒,以杀灭环境中散在的细菌。对发病严重的地区或鸡场,可考虑使用葡萄球菌灭活疫苗进行预防接种。

(李硕)

第五节　禽结核病

禽结核病又称分支杆菌病、禽结核病、禽结核,是禽类的一种慢性消耗性传染病。其特征是:呈慢性经过,贫血,消瘦,产蛋下降或停止,各器官尤其是肝脏、脾脏、肠道、骨髓、关节形成结核结节。本病主要通过直接接触,或由于接触污染的媒介物而发病。禽结核病的感染途径主要是经消化道、呼吸道或皮肤伤口传染,也有少数通过蛋感染。该病在我国属于三类动物疫病,在流行病学上危害性并不大,未纳入政府部门的监测、净化范畴。

一、流行特点

所有品种的鸟类都可被禽分枝杆菌感染，家禽中以鸡和鸽最易感。由于禽结核病的病程发展缓慢，早期无明显的临床症状，故老龄禽中，特别是淘汰禽、屠宰禽感染的较多。尽管老龄禽比幼龄禽严重，但在幼龄鸡中也可见到严重的开放性的结核病。病禽和带菌禽是主要传染源，病猪排泄物，感染结核的胴体，污染的土壤、垫草、饮水用具，废水，废料污染的饲料都可散播细菌。禽结核病的传播主要通过接触，经消化道和呼吸道感染。卵巢和产道的结核病变，也可使鸡蛋带菌，因此在本病传播上也有一定作用。

二、临床症状

禽结核病的潜伏期较长，早期感染看不到明显的症状。病鸡精神沉郁，被毛蓬乱，易疲劳，出现进行性的、明显的体重下降，贫血，产蛋下降或停止，以胸肌消瘦最为明显。关节受损的病禽呈现一侧性跛行，以特有的、痉挛性跳跃式的步态行走。若有肠结核或有肠道溃疡病变，则会发生严重的腹泻。病鸡可能于数月内死亡或存活数月。病禽可因病变肝或脾的破裂出血而突然死亡。

三、剖检病变

肝肠、脾肠、肠、骨髓和关节上呈现不规则的、灰黄色或灰白色的结核结节。少则一个，多则上百个。结核结节的大小不等，有时直径可达数厘米。大结节常有不规则的瘤样轮廓，感染器官表面常有较小的颗粒或结节。肝脏和脾脏等器官表面的病变极易从其毗连组织中摘除。将结核结节切开，可见结核外面包裹一层纤维组织性的包膜，内有数量不等的淡黄色干酪样坏死，通常不发生钙化。肝脏脾脏肿大通常具有示病意义，脾脏肿大2～3倍，破裂可导致致死性出血。在骨髓中常常形成肉芽肿。有的鸡关节肿胀，切开后可见其内充满干酪样物质。

四、诊断

（一）现场诊断

通过了解流行病学、观察临床症状和剖检病变，可以作出初步诊断。

（二）实验室诊断

确诊需要进行实验室诊断。检查时可取中心坏死与边缘组织交界处的材料进行抹片或切片，进行抗酸染色，如菌体为红色多形杆菌，可初步诊断，如在切片中发现朗汉斯巨细胞即可作出诊断。结核菌素试验（变态反应）是禽结核病诊断最常用的标准试验，通过比较注射与未注射结核菌素肉髯的变化即可进行判定。PCR和核酸探针杂交法是近期使用的特异而可靠的方法。确诊必须接种合适的培养基进行病原菌的分离鉴定，但试验需要时间较长，通常为6～8天。此外，酶联免疫吸附试验、平板凝集试验等方法亦可进行辅助诊断。

（三）鉴别诊断

禽结核病的诊断要与大肠杆菌肉芽肿、鸡白痢、沙门氏菌感染、肠肝炎、禽霍乱和肿瘤进行鉴别。禽结核病最重要的特征是在病变组织中可检出大量抗酸性细菌，而在其他任何已知的禽病中都不出现抗酸性细菌。

五、综合性防制措施

(一) 预防

1. **综合性措施** 禽结核杆菌对外界环境因素有很强的抵抗力,其在土壤中可生存并保持毒力达数年之久。一个感染结核病的鸡群即使是被全部淘汰,其场舍也可能成为一个长期的传染源。因此,消灭本病的最根本措施是建立无结核病鸡群。

基本方法是:①淘汰感染鸡群,尤其要淘汰患病老龄禽群和严重消瘦及产蛋降低的鸡,并采取清群措施;废弃老场舍、老设备,在无结核病的地区建立新鸡舍。②引进无结核病的鸡群。对养禽场新引进的禽类,要重复检疫2~3次,并隔离饲养60天。③检测仔母鸡,净化新鸡群。对全部鸡群定期进行结核检疫(可用结核菌素试验及全血凝集试验等方法),以清除传染源。④加强饲养管理,饲喂全价饲料增强抵抗力,禁止使用有结核菌污染的饲料。⑤采取严格的管理措施和消毒措施,限制鸡群运动范围,单独饲养,不可将猪、禽、兔等动物饲养在一个畜舍内。定期做好灭鼠工作,防止外来感染源的侵入。

2. **疫苗接种** 已有报道用疫苗接种来预防禽结核病,但目前还未在临床应用。

(二) 治疗

本病一旦发生,通常无治疗价值。但对价值高的珍禽类,可在严格隔离状态下进行药物治疗。选择异烟肼(每千克30毫克)、乙二胺二丁醇(每毫升30毫克)、链霉素等进行联合治疗,可使病禽临床症状减轻。建议疗程为18个月,一般无毒副作用。

(张硕 马永缨)

第六节　鸡毒支原体感染

鸡毒支原体感染指的是鸡、幼鸽和火鸡等禽类感染了鸡毒支原体而引起的一类慢性呼吸系统传染病。其特征为：鼻炎、喷嚏、咳嗽和气管啰音和张口呼吸。该疾病多为隐性感染，病程较长，可在鸡群中长期存在和传播。本病传播方式多种多样，可通过水平传播和垂直传播，感染禽呼出的带有支原体的气溶胶经呼吸道传播；病原也可经过感染鸡的卵传染给下一代。

鸡毒支原体感染为世界性分布，我国也非常普遍。根据血清学调查，感染率为 70%～80%。随着目前养鸡规模加大、饲养方式改变和饲养密度的提高，该病发病率越来越高，主要影响雏鸡生长，使成年鸡产蛋减少，造成养鸡业的重大经济损失。目前，对鸡毒支原体的防治主要通过疫苗预防和药物治疗，但是疫苗预防仅能提供有限保护力，而药物治疗并不能完全消灭鸡毒支原体，需要采取多种综合措施来降低鸡毒支原体感染造成的损失。

一、流行特点

可自然感染鸡、幼鸽和火鸡。病禽和隐性感染禽是传染源。鸡毒支原体可经被污染的尘埃、飞沫、饲料、饮水等经呼吸道和消化道水平传播，但主要是经卵垂直传播。一年四季均可发病，多见于寒冷秋冬季节。1～2月龄禽易感性高，发病率达90%。鸡对支原体感染的抵抗力随年龄的增长而加强。成年禽虽然发病较轻，但影响产蛋。侵入禽体内的鸡毒霉形体，可长期存在于上呼吸道，药物不易达到。当气候剧变、饲养管理不良、不同日龄鸡混养、营养缺乏特别是蛋白质和维生素缺乏时，以及对潜伏感染期的鸡群进行免疫时，容易发生此病。其他常见的疾病，如新城疫、传染性支气管炎等均可促进和加剧支原体感染。

二、临床症状

鸡毒支原体感染的出现，在自然情况下常常受到不利环境因素、应激以及并发感染的影响，难以确定感染的潜伏时间。

常见呼吸道症状，表现为鼻炎、喷嚏、咳嗽和气管啰音。流稀或黏鼻液，鼻涕堵塞鼻道，病禽频频摇头急于甩掉并打喷嚏、张口喘气、有呼噜声。一侧或两侧眶下窦发炎，蓄积黏液而肿胀。有的关节发炎出现跛行。有的禽类因支原体侵入脑内，出现运动失调，也有报道引起腹水症状。

雏鸡表现为生长迟缓，发育不良，病弱雏增多，淘汰率增加，雏鸡群发病率比成年鸡群更高。成年鸡症状与雏鸡相似，但症状较缓和，产蛋量下降。这种产蛋率下降通常会维持在一个低的产蛋水平上，会持续几十天至几个月不发生变化，通常情况下，其产蛋率会下降10%左右，严重时可达20%～30%。对肉鸡来说，由于生长迟缓，造成上市时间迟，则生产效率会下降。

病愈鸡虽可产生免疫力，但长期带菌。如果没有并发感染其他疾病，一般死亡率不高，病理剖检上主要表现为鼻窦炎、结膜炎和肺炎的病理变化；如伴有其他病毒性和细菌性疾病，特别是伴有大肠杆菌感染时，表现为严重的肝周炎和心包炎的变化，死亡率也较高。

三、剖检病变

病变主要发生在呼吸道，病变程度有轻重区别。轻微时鼻腔、气管、肺和气囊中有炎性渗出物，气管壁水肿；严重时气囊膜混浊，气囊壁上有黄白色豆渣样渗出物，初如珠状，严重时成块成堆。肺中有黏性液体或卡他性分泌物。引发关节炎时，趾底部和胫、跖关节肿胀，关节液增多，初期清亮后变混浊，最后呈奶油状黏稠。火鸡眶下窦有黏性和干酪样渗出物，有心包炎和肝周炎。

四、诊断

（一）现场诊断

鸡毒支原体病的症状并非是特有的，其他一些呼吸道疾病也能出现类似的症状。因此，这些症状的出现只能说明支原体感染的可能性，准确的诊断必须进行剖检、血清学检测和病原分离。对这些检查结果共同考虑分析，才能作出最后确诊。

（二）实验室诊断

目前对于鸡毒支原体的诊断方法有血清学方法、PCR 方法和病原分离培养方法。最常用的血清学反应是平板凝集反应、试管凝集反应、血凝抑制试验和酶联免疫吸附试验（ELISA）四种。进行血清学反应检测时，应同时进行阳性对照血清与阴性对照血清的对比检测。检测鸡毒支原体的血清学方法较多也较为成熟，但是由于各种方法在特异性和敏感性方面均不是很高，因此该方法更适合群体检测而不是个体确诊。对于发病个体确诊，PCR（聚合酶链反应）技术快速、敏感、特异性强。用病鸡的气管拭子洗液，先经低速离心，再高温使细胞裂解后可直接用于 PCR 扩增。

（三）鉴别诊断

由于鸡毒支原体病的外表症状并不是特有的，因此当鸡群出现呼吸道症状时，要注意与新城疫、传染性支气管炎、传染性鼻炎、滑液支原体感染以及鸡霍乱进行鉴别诊断，火鸡出现窦炎时要注意与衣原体感染进行鉴别诊断。鉴别诊断时有的可以应用血清学方法，有的可用 PCR 方法和病原分离培养方法。

五、综合性防制措施

(一) 预防

1. 综合性措施 最重要的是净化鸡群的建立。不从阳性鸡场引进雏鸡和种蛋。用链霉素 2 000 国际单位/毫升，对 1 日龄雏鸡进行喷雾或滴鼻，3~4 周龄时重复 1 次，到 2 月龄、4 月龄、6 月龄再各进行 1 次。定期血清学检查，淘汰阳性鸡或全部淘汰，视情况而定留下无病鸡群隔离饲养作为种用，并对其后代继续检测。

建立良好的饲养管理和卫生制度，减少应激，保持舍内通风，密度合理，及时清除积粪和灰尘，减少氨气对禽的刺激，保证全价营养饲料，采用"全进全出"的饲养方式。

预防和减少其他传染病的发生，如新城疫、传染性支气管炎、传染性喉炎、传染性鼻炎、大肠杆菌病等。

2. 疫苗接种 疫苗接种是一个减少支原体感染的有效方法。疫苗有两种，即弱毒活疫苗和灭活疫苗。

弱毒活疫苗：目前国际和国内使用的活疫苗是 F 株疫苗。F 株致病力极为轻微，给 1 日龄、3 日龄和 20 日龄雏鸡滴眼接种不引起任何可见症状或气囊上变化，不影响增重。与新城疫活疫苗 B_1 株或 LaSota 株同时接种，既不增强彼此的致病力也不影响各自的免疫作用。免疫保护力在 85% 以上，免疫力至少持续 7 个月。国外有报道，接受活疫苗免疫接种的鸡群产卵率高于未接受疫苗的鸡群。也有报道提出，在一个鸡场内连续应用 F 株疫苗后，场内鸡毒支原体野外株感染可以逐渐为 F 株所代替。

灭活疫苗：油佐剂灭活疫苗效果良好，能防止本病的发生并减少诱发其他疾病，增加鸡蛋产量。

目前对免疫结果的报道仍然存在争议，建议对鸡群抗体进行监测，制订合理的免疫程序，注意与其他细菌或病毒病疫苗免疫间隔 5~7 天。

（二）治疗

鸡毒支原体对多种药物均敏感，病初可以试用一些对支原体有抑制作用的抗生素进行治疗。抗生素既可以拌在饲料内或者经过饮水投服，也可以注射。土霉素和四环素的用量为每吨饲料 400 克；泰乐菌素为每 4.5 升水加 2~3 克；北里霉素为每吨饲料加 300~500 克；泰妙菌素饮水含量为每升 120~500 毫克。不论饮水或饲料拌服都要连用几天。

随着药物的大量应用，耐药性也在不断增强。如果投药效果不良，就要考虑并发病的问题，或者是病原株对所使用的抗生素具有抗药性的关系。应用药物只能减少病原的数量和减轻症状，不能根除病原，因此应用药物不能净化和完全控制鸡毒支原体病。另外，应用药物不能消除经卵传播，应用药物的种鸡群仍存在低水平感染，而进行母源传播。

（刘颖昳）

第七节　传染性鼻炎

鸡传染性鼻炎是由副鸡嗜血杆菌引起的一种鸡的急性呼吸道传染病。以鼻炎、眼结膜炎、眶下窦炎和颜面水肿为特征，因具有传染性并主要感染鼻腔，故命名为传染性鼻炎。

目前，本病在世界许多地方都有发生和流行。发生后可引起育成鸡生长发育受阻和淘汰率增加；肉鸡肉质下降；蛋鸡产蛋量下降，甚至不出现产蛋高峰，给养鸡业带来巨大经济损失。

一、流行特点

本病发生于各种年龄的鸡，一般幼龄鸡不太严重。本病的特征是发病率高而死亡率低，尤其是在流行的早、中期鸡群很少有死鸡出现，如伴发其他疾病可引起死亡率增加。潜伏期较短，与传染源接触后，最快 24 小时内就可发病。如无并发感染，病程可持续 2～3 周。

病鸡及隐性带菌鸡是传染源，而慢性病鸡及隐性带菌鸡是鸡群中发生本病的重要原因。其传播途径主要以飞沫及尘埃经呼吸道传播，但也可通过污染的饲料和饮水经消化道传播。本病不经卵垂直传播。

本病一年四季均可发生，多发于冬秋两季，这可能与气候和饲养管理条件有关。本病的发生与鸡群饲养密度较大、不同年龄的鸡混群饲养、通风不良、氨气浓度大、鸡舍寒冷潮湿、维生素 A 缺乏、寄生虫侵袭等诱因密切相关。

二、临床症状

一般常见症状为鼻孔先流出清液以后转为黏液性分泌物，有时打喷嚏，面部肿胀或水肿，眼睑肿胀，结膜炎。

病鸡采食及饮水减少，可出现下痢，精神沉郁，缩头，呆立。育成鸡生长不良，蛋鸡产蛋下降（10％～40％），公鸡肉髯常见肿大。如炎症蔓延至下呼吸道，则呼吸困难，病鸡常摇头欲将呼吸道内的黏液排出，有啰音。咽喉亦可积有分泌物的凝块，最后常窒息而死。

三、剖检病变

病理剖检变化比较复杂多样，有的死鸡具有一种疾病的主要病理变化，有的鸡则兼有 2～3 种疾病的病理变化特征。主要病变为鼻腔和窦黏膜呈急性卡他性炎，黏膜充血肿胀，表面覆有大量黏液，窦内有渗出物凝块，后成为干酪样坏死物。常见卡他性结膜炎，结膜充血肿胀。脸部及肉髯皮下水肿。严重时可见气管黏膜炎症，偶有肺炎及气囊炎。产蛋鸡卵泡液化、变形、充血、出血，输卵管萎缩、发炎、充满干酪样炎性分泌物。病公鸡睾丸萎缩。

四、诊断

（一）临床诊断

根据本病的特征性症状、病变及流行病学特点，即面部浮肿、流鼻汁、发病急、传播快、死亡率不高等表现可作出初步诊断，确诊需要进一步的实验室诊断。

（二）实验室诊断

鸡传染性鼻炎诊断技术（NY/T 538—2002）标准规定了检测副鸡嗜血杆菌的细菌分离鉴定方法、PCR 技术，以及检测副鸡嗜血杆菌特异性抗体的血清平板凝集试验、血凝抑制试验、间接酶联免疫吸附试验、阻断酶联免疫吸附试验的操作方法。

已经确立的传染性鼻炎诊断方法总体上分为两类：一是检测病原或其特异性成分的方法，通常用于疫病诊断；二是检测特异性抗体的方法。其中检测病原在早期诊断时其优点更为突出，并能排除灭活苗免疫后抗体的干扰，另外还有可能检测出健康带菌动物。而检测血清抗体对于免疫群可以进行免疫效果评价，对于非免疫群，可以监测群感染情况。另外，由于抗体持续时间长，可以追踪长时间前的疾病状况。

值得注意的是，该病菌对外界抵抗力较弱，样品的采集和保存尤为重要。由于各种检测方法存在局限性，因此确诊建议结合多种检测方法进行综合评价。

（三）鉴别诊断

传染性鼻炎和慢性呼吸道病、慢性禽霍乱、禽痘、肿头综合征以及维生素 A 缺乏症等具有相似的临床症状。此外，本病常有并发感染，在诊断时必须考虑到其他细菌或病毒并发感染的可能性。如群内死亡率高，病期延长时，则应考虑有混合感染的因素，需进一步作出鉴别诊断。

五、综合性防制措施

本病的防制应贯彻"预防为主"的方针，包括加强饲养管理、采取综合性的配套防疫卫生措施、药物预防和疫苗接种。

（一）预防

1. **管理措施**　本病的发生及其严重程度与卫生条件、管理条件密切相关，执行严格的鸡舍日常管理措施对减少本病的发生和损失都有重要意义。

康复带毒鸡是主要的传染源，因此应首先清除本场的感染鸡或康复鸡；其次，不提倡从不明来源处购买种公鸡和开产鸡，除非知道鸡群来源于无鸡传染性鼻炎的鸡场，否则只购买 1 日龄鸡作为后备用。鸡场内每栋鸡舍应做到全进全出，禁止不同日龄的鸡混养。

清舍之后要彻底进行消毒，空舍 2～3 周后方可进入新鸡群。饲养过程中，定期对禽舍和设备进行清洗和消毒。

2. **疫苗接种**　定期进行免疫接种是目前我国预防鸡传染性鼻炎的主要手段。鸡传染性鼻炎二价灭活苗（A 型＋C 型）应用较为普遍，由于副鸡嗜血杆菌型间无交叉保护力，因此使用疫苗前应了解本场该病的流行菌型，有针对性地选择疫苗。在 B 血清型感染地区，有自家苗应用。

疫苗一般在鸡只 6 周龄时进行首次免疫，免疫后 2 周开始产生免疫力，二价苗一免 1 个月后要进行二次免疫，若开产前再免疫一次可保护整个产蛋期。也有在 10～20 周龄接种疫苗的，具体免疫程序应结合本场实际情况。

（二）治疗

有多种抗生素和磺胺类药物对减轻本病的症状、缩短病程以及减少病原菌的泌出有较好的效果。有条件的禽场应当于发病后尽快采集病料进行细菌分离和药敏试验，以确定最适的使用药物。用药时最好选用 2～3 种有效药物联合应用，以增加治疗效果。给药方法能否保证每天摄入足够的药物剂量，是值得注意的问题，一般认为饮水是比较理想的给药途径。

（汪葆玥　王玉田）

第八节　鸭传染性浆膜炎

鸭传染性浆膜炎又称鸭疫里默氏感染，是鸭、鹅、火鸡及其他家禽和野禽的一种接触性传染病，又称为鸭传染性浆膜炎、新鸭病、鸭败血症和鸭疫败血症。该病表现为急性或慢性败血症形式，以纤维素性心包炎、肝周炎、气囊炎、干酪性输卵管炎和脑膜炎为特征。

该病广泛地分布于世界各地，引起的高死亡率、体重减轻和淘汰等给可养鸭业造成巨大的经济损失。

一、流行特点

本病主要感染鸭，鹅、火鸡、其他禽类也可感染。1～8 周龄鸭易感，其中以 2～3 周龄鸭最易感。本病的潜伏期一般为2～

5天，5周龄以下雏鸭一般在出现症状后1～2天死亡，较大的鸭病程较长。发病率较高，死亡率为5％～80％。

慢性感染的禽类是主要感染源，该病主要经呼吸道或皮肤伤口感染，有人认为还可经卵垂直传播。

本病一年四季均可发生，多发于冬春两季，可能与气候和饲养管理条件有关。育雏舍鸭群密度过大、空气不流通、地面潮湿、卫生条件不好、饲料中蛋白质水平过低、维生素和微量元素缺乏，以及其他应激因素等均可促使该病的发生和流行。

二、临床症状

根据临床症状可分为最急性、急性和慢性三种类型。

最急性型：常见不到任何明显症状而突然死亡。

急性型：病初表现眼流出浆液性或黏性的分泌物，常使眼周围羽毛粘连或脱落。鼻孔流出浆液或黏液性分泌物，有时分泌物干涸，堵塞鼻孔。轻度咳嗽和打喷嚏。粪便稀薄呈绿色或黄绿色。嗜睡、缩颈或喙抵地面，腿软，不愿走动，步态蹒跚。濒死前出现神经系统症状，如痉挛、角弓反张、尾部摇摆等，不久抽搐而死。

慢性型：多见于日龄较大的幼鸭，病程1周以上。病鸭表现精神沉郁、少食、共济失调、痉挛性点头运动、前仰后翻、翻转后仰卧、不易翻起等症状。少数鸭出现头颈歪斜、遇惊扰时不断鸣叫和转圈、倒退等。常因采食困难，逐渐消瘦而死亡。

三、剖检病变

特征性病理变化是浆膜面上有纤维素性炎性渗出物，以心包膜、肝被膜和气囊壁的炎症为主。心包膜被覆着淡黄色或干酪样纤维素性渗出物，心包囊内充满黄色絮状物和淡黄色渗出液。肝脏表面覆盖一层灰白色或灰黄色纤维素性膜。气囊混浊增厚，气囊壁上附有纤维素性渗出物。脾脏肿大或肿大不明显，表面附有纤维素性薄膜，有的病例脾脏明显肿大，呈红灰色斑驳状。脑膜及脑实质血管扩张、瘀血。少数输卵管内有干酪样渗出物。慢性病例可见关节炎和坏死性皮炎。

四、诊断

（一）现场诊断

结合流行病学、临床症状和剖检变化，可作出初步诊断。

（二）实验室诊断

确诊要进行病原的分离和鉴定。感染急性期最容易分离到细菌，最适宜的样本有心血、脑、骨髓、肝脏等。

血清学检测方法中，免疫荧光技术可用于检测病禽组织或渗出物中的病原；凝集试验和沉淀试验可鉴定该菌的血清型；酶联免疫吸附试验可用于抗体检测。

聚合酶链式反应和实时荧光定量 PCR 技术等分子生物学检测应用于该病的临床病例和流行病学调查中，相对于病原分离鉴定具有灵敏度高、特异性强、操作简便、快速等优点。

（三）鉴别诊断

应注意与多杀性巴氏杆菌、鸭考诺尼尔菌、大肠杆菌、粪链球菌和沙门氏菌等引起的败血性疾病相区别。

五、综合性防制措施

加强饲养管理、采取综合性的配套防疫卫生措施、药物预防和疫苗接种，可以有效预防和控制该病。

（一）预防

1. **管理措施**　加强饲养管理，注意鸭舍通风、环境干燥、清洁卫生、定期消毒、适宜的养殖密度、采用全进全出的饲养制度。

2. **疫苗接种**　目前，我国使用的疫苗主要为单价、二价和三价的灭活苗，由于该病原不同血清型间没有交叉保护作用，因此选择要结合本养殖场的菌株流行情况。

在 7～10 日龄免疫雏鸭，商品鸭只免疫一次，种鸭 20 周龄左右加强免疫一次。

（二）治疗

抗生素和磺胺类药物对本病的治疗效果不一，治疗前最好进行病原分离培养和药敏试验，选择高敏感药用于治疗。有报道称，在雏鸭易感日龄，可饮水中或饲料中添加 0.2％～0.25％的磺胺二甲基嘧啶进行预防性用药。

（汪葆玥　李忠华）

第九节　溃疡性肠炎

溃疡性肠炎是由梭菌引起的多种幼禽的一种急性传染病，首见于鹌鹑群，又名鹌鹑病。临床特征为突然出现死亡，随后死亡急剧增多。特征性病变为小肠和盲肠的多发性坏死和溃疡以及肝坏死。

该病世界分布。易感动物种类众多，在一些养禽密集的地区，该病严重威胁舍养或野生观赏禽的健康。

一、流行特点

本病主要感染鹌鹑、鸡、火鸡和其他禽类，鹌鹑最易感。常侵害幼龄禽类，4～19周龄鸡、3～8周龄火鸡、4～12周龄鹌鹑等幼龄禽类较易感，成年鹌鹑也可感染发病。人工感染鹌鹑后1～3天，可出现急性死亡，感染后5～14天出现死亡高峰，该病通常在发病群中持续3周。幼小鹌鹑发病可波及全群，死亡率可达100%，鸡群死亡率为2%～10%。

病禽和带菌禽是主要的传染来源。自然情况下，本病主要通过粪便传播，经消化道感染。由于本菌可产生芽孢，因此一旦暴发该病，养禽场即被永久性污染。

二、临床症状

急性死亡病禽常见不到任何明显症状。

鹌鹑常发生下痢，排出白色水样稀粪，精神委顿，羽毛松乱无光泽。如果病程1周或更长，则病禽胸肌萎缩，极度消瘦。

三、剖检病变

急性病例的典型病变是十二指肠有明显的出血性炎症，可在整个肠道浆膜面上见到许多小出血点。

病程稍长，发生坏死和溃疡，这种坏死和溃疡可以发生于肠管的各个部位和盲肠。早期病变的特征是出现小的黄色病灶，边缘出血，在浆膜和黏膜面均能看到。当溃疡面积增大时，可呈小扁豆状或呈大致圆形的轮廓，有时融合而形成大的坏死灶，其上附有一层黑色伪膜。溃疡灶一般在黏膜深处，但较陈旧的病变常比较浅表，并有突起的边缘，形成弹坑样溃疡。溃疡可侵蚀肠壁引起穿孔，导致腹膜炎和肠管粘连。肝脏的病变表现不一，由轻度淡黄色斑点状坏死到肝脏边缘较大的不规则坏死区。脾脏充血、肿大和出血。其他器官没有明显的肉眼病变。

四、诊断

（一）现场诊断

根据剖检病变通常可诊断本病。

（二）实验室诊断

通过病原的分离鉴定可对临床诊断进行确诊。

此外，对肝组织压印片进行革兰氏染色和镜检、免疫荧光技术、沉淀试验均可对本病进行诊断。

（三）鉴别诊断

临床上需要与球虫病、坏死性肠炎、组织滴虫病相区别，通常结合剖检病变和生化试验可以鉴别。

五、综合性防制措施

（一）预防

1. **管理措施** 做好日常的卫生工作，场舍、用具要定期消毒。粪便、垫草要勤清理，并进行生物热消毒，以减少病原扩散造成的危害。避免拥挤、过热、过食等不良刺激，控制球虫病、预防可致免疫抑制的病毒病，对预防本病有积极的作用。

2. **疫苗接种** 目前，没有用于该病的疫苗。

（二）治疗

早期用磺胺类药物治疗溃疡性肠炎无效。链霉素注射、饮水或拌料有一定的预防和治疗效果。投喂链霉素的预防剂量是 60 克/吨料或 0.22 克/升。添加杆菌肽 100 克/吨料也能起到保护作用，用于治疗时要增量。据报道，其他有效的药物还包括呋喃唑酮、青霉素、泰乐菌素等。

（汪葆玥）

第十节　鸡弧菌性肝炎

鸡弧菌性肝炎又称鸡弯曲杆菌性肝炎，是由空肠弯曲杆菌引起的幼鸡和成年鸡的一种传染病。该病以出血性和坏死性肝炎伴发脂肪浸润为特征，表现为发病率高、死亡率较低以及慢性经过。病鸡因肝脏大出血引起死亡，腹腔积聚大量血性腹水或血凝块，俗称"血水病"。

一、流行特点

鸡是主要易感动物，自然感染发病仅见于鸡群，从出生数天的雏鸡到成年鸡都可感染发病，以开产前的仔母鸡和产蛋数月的母鸡最易感。带菌鸡通过粪便污染饲料、饮水等，经口感染其他鸡只。水平传播能力很强，在孵化器中只要有一只雏鸡带菌，24小时内可使70％的雏鸡受到感染。垂直传播的可能性不大。

二、临床症状

病鸡临床症状的严重程度与感染剂量、菌株毒力、日龄、免疫状况、环境应激等有关。一些免疫抑制性疾病会增强弯曲杆菌的致病力。潜伏期约为2天，以缓慢发作、持续期长为特征。死亡率2％～15％。急性型缺乏明显症状而突然死亡。久病鸡只可见精神沉郁，鸡冠苍白、干缩，饮欲增加，排黄褐色稀粪或水样腹泻，产蛋量明显下降，有时下降25％～35％，软壳蛋、白皮蛋、畸形蛋增多。

三、剖检病变

最明显的病变在肝脏。突然死亡的病鸡多发生肝脏破裂而致大出血，使腹腔积聚大量血性腹水，隔着腹壁即可看到暗红色的血性腹水或血块。剖开腹腔有大量血性腹水流出，多数情况下腹腔有暗红色的凝血块。肝脏质地脆弱，由于出血而呈土黄色，因此包膜下有大小不等的坏死灶、血肿。急性大出血死亡的病鸡脾脏和肾脏肿大、质脆、苍白、贫血。卵泡多发生充血、出血、变性、坏死，其他器官变化不明显。病程更长的病例，肝脏体积变小，质地变硬，边缘有灰白色不规则的坏死灶。有些病例因多次出血，肝脏既有新鲜的血痕也有程度不同的凝血块。

四、诊断

胆汁是病原分离的最好材料，可用胆汁直接涂片镜检，也可使用肝脏、脾脏触片。病原菌具多形性，常见逗号形、螺旋形、S形、弧形、弯杆形，具运动性。能引起肝脏出血、坏死的疾病很多，如脂肪肝综合征、巴氏杆菌病、包含体肝炎、组织滴虫病、鸡白痢、鸡伤寒等，要注意鉴别。

五、综合性防制措施

本病目前尚无疫苗，防制时应采取综合性措施。定期消毒鸡舍及用具，保证饮水安全卫生，用抗生素和磺胺类进行药物预防。定期做好鸡蛔虫病、新城疫、马立克氏病、支原体等的预防治疗，可减少本病的发生。发病时可选用金霉素、氟苯尼考、甲

硝唑、磺胺甲基嘧啶、喹诺酮类药、土霉素等药物，最好先进行
药敏试验再确定用药。

（訾占超　李毅）

第十一节　禽曲霉菌病

禽曲霉菌病是由曲霉菌属感染引起的多种禽类的一种真菌
病。主要侵害呼吸系统，在肺和气囊发生炎症和小结节，导致呼
吸困难，甚至窒息死亡。病原体主要为曲霉菌属中的烟曲霉菌和
黄曲霉菌，其次为构巢曲霉菌、黑曲霉菌和土曲霉菌等。本病发
生于世界各地，在我国大部分地区存在，尤其是南方多雨潮湿地
区。对雏禽的危害最大，可引起幼雏大批死亡，造成重大经济
损失。

一、流行特点

禽类对曲霉菌的感染无品种和性别差异，各种禽类都有易感
性，尤以幼禽易感性最强。污染的饲料、木屑、土壤、空气、水
是本病的主要传染源。出壳后的幼雏常因采食发霉饲料，或进入
被曲霉菌严重污染的育雏室而被感染，2～3天后即开始发病和
死亡。健壮的成年禽通常对曲霉菌孢子的侵袭具较强抵抗力，只
有当饲料或垫料被曲霉菌严重污染，吸入大量孢子才可能造成感
染。主要感染途径为呼吸道，也可经消化道、皮肤伤口和蛋感
染，静脉接种也可引起肺脏和肝脏曲霉菌病。

二、临床症状

曲霉菌病的表现取决于所涉及的器官或系统，雏禽最明显的
症状是食欲减少或废绝，呼吸极度困难，精神不振，体温升高，

下痢，通常在症状发作后 1～2 天呈麻痹状态而死亡。

霉菌性肺炎：主要症状为初期食欲不振，精神沉郁，嗜睡，两翅下垂，羽毛松乱；随着病程发展出现呼吸困难，体温升高，张口喘气，鼻孔和眼角出现黏性分泌物；后期雏鸡头颈频繁伸缩，呼吸极度困难，最后窒息死亡。

霉菌性皮炎：主要表现为羽毛呈黄褐色，干枯易断，外观污秽，患处皮肤潮红。

霉菌性眼炎：表现为初期结膜充血肿胀，继而一侧或两侧眼睑肿胀，出现黄色干酪样凝块，瞬膜充血肿胀，眼球突出，严重者失明。

真菌性脑炎：表现为病禽共济失调，出现向一侧转圈等神经症状。

成年禽感染时多为慢性经过，症状不明显，可见贫血、消瘦、发育不良、羽毛松乱、排黄色粪便及严重呼吸困难、冠髯暗红。

三、剖检病变

病变主要局限于呼吸系统，鼻腔、喉、气管、支气管、气囊和肺脏都有炎症性反应，尤其以胸气囊、腹气囊，有时腋气囊和颈气囊以及肺脏的病变最为明显。肺部可见小米粒大至绿豆大的黄白色或灰白色霉菌结节，质地较硬，切开可见有层次的结构，中心为干酪样坏死组织。内含大量菌丝体，外层为类似肉芽组织的炎性反应层，可随病程发展而钙化。常伴有气囊壁增厚，壁上有大小均匀的干酪样斑块。随病程发展，病禽气囊壁明显增厚、混浊，干酪样斑块增多、增大，有的融合在一起。后期病例可见在干酪样斑块上及气囊壁上形成灰绿色霉菌斑，在肺部、气囊和其他组织器官中形成肉芽肿结节。严重病例在腹腔、浆膜、肝脏或其他部位表面形成灰白色结节或灰绿色斑块。

四、诊断

（一）现场诊断

通过了解流行病学、观察临床症状和剖检病变，可以作出初步诊断。

（二）实验室诊断

确诊需要进行实验室诊断。取病理组织（结节中心的菌丝体最好）少许，置载玻片上，加生理盐水 $1\sim2$ 滴，用针拉碎病料，加盖玻片后镜检。可见菌丝体和孢子，菌丝体有分枝和分隔。接种于马铃薯培养基或其他真菌培养基，生长后进行检查鉴定。多见菌落中心呈烟绿色，稍凸起，周边呈散射纤毛样无色结构，背面为奶油色，有霉味。

（三）鉴别诊断

雏鸡白痢：病原为鸡白痢沙门氏菌。临床症状表现为排白色稀粪，肛门周围有粪污，有时肛门被粪块堵塞，除去粪块后稀粪喷射而出。剖检可见心脏、肝脏、肺脏、盲肠、大肠和肌胃有坏死结节，盲肠有干酪样分泌物，肺部出血或肝变，输尿管扩张，充满尿酸盐。用普通肉汤琼脂平板直接分离，根据菌落形态特征即可鉴定，分散的菌落光滑、闪光、均质、隆起、透明、形态不一，呈圆形到多角形。

禽副伤寒：病原为副伤寒沙门氏菌。临床症状表现为饮水增多，呈水样下痢，病禽聚堆畏寒。剖检可见肝脏、脾脏充血，有出血条纹、出血点和坏死点，心包粘连。

鸡传染性喉气管炎：病原为传染性喉气管炎病毒。不分年龄、大小均发病，但 2 周龄以下的雏鸡少见。传播迅速，发病率高，死亡率达 $10\%\sim15\%$。病程长，常达 3 星期以上。成禽发病后产蛋率迅速下降。症状表现为气管和喉部黏膜肿胀、潮红，有出血点。后期黏膜变性、坏死，覆有黄白色假膜。病禽鼻腔、鼻窦及结膜上可见黏液性、脓性或纤维性渗出物，喙和口腔有黏液并带血。少数可见有坏死性肺炎、气囊炎。

鸡传染性支气管炎：病原为由传染性支气管炎病毒。症状表现为病雏呼吸困难，咳嗽，有啰音，精神沉郁，闭目蹲卧。肾脏肿大，肾小管和输尿管充满尿酸盐，外观呈灰白色花瓣状，有时可见输尿管内有灰白色树枝状尿结石。病禽产蛋率显著下降，蛋壳色浅、变薄、变脆，畸形蛋增多，蛋清稀薄。

鸡毒支原体感染：支原体病毒在鸡胚中复制，能在绒毛尿膜囊膜上形成大小不等的灰白色斑点。症状表现为呼吸困难，伸颈，咳嗽时甩头，发出高亢的叫声；病鸡喉头和气管黏膜出血，气管内有凝血块和坏死假膜。

五、综合性防制措施

（一）预防

避免使用发霉的垫料和饲料是预防曲霉菌病的主要措施，垫料要经常翻晒，妥善保存。尤其是阴雨季节，要防止霉菌生长繁殖。种蛋、孵化室和育雏室均应按卫生要求进行严格的消毒。育雏室应注意通风换气和卫生消毒，保持室内干燥、清洁，每天温差不要过大。因长期被曲霉菌污染的育雏室、土壤、尘埃中含有大量孢子，所以雏鸡进入育雏室之前，应进行彻底清扫、换土和消毒。消毒时可用福尔马林熏蒸法，或使用0.4%过氧乙酸或5%石炭酸喷雾后密闭数小时，经通风后使用。发现疫情时，要迅速查明原因，并立即排除，同时做好环境、用具等的消毒工作。

（二）治疗

确诊后，立即更换垫料，停喂和更换霉变饲料，清扫和消毒鸡舍；对于发病鸡群，可以用制霉菌素进行治疗，使用剂量为每100 羽雏鸡用 50 万单位拌料，每天 2 次，连用 2～3 天。也可以用碘化钾或硫酸铜饮水，进行防治。硫酸铜使用剂量为 1：2000稀释，疗程 3～5 天。同时给病禽饮用葡萄糖和维生素，防止并发感染，增强机体免疫力，促进病禽尽快恢复。

（徐琦　孙明）

参 考 文 献

陈凤梅，牛钟相，程光民，等 . 2004. 鸡毒支原体研究进展 [J] . 动物医学进展，25 （3）：56 - 59.

高福，索勋 . 2012. 禽病学 [M] . 第 12 版 . 北京：中国农业出版社：723 - 780.

高鹏飞 . 2009. 鸡传染性鼻炎的病症及防治措施 [J] . 养殖技术顾问，2：92 - 93.

郭营军 . 2009. 葡萄球菌病的实验室诊断技术 [J] . 畜牧与饲料科学，30（12）：140 - 141.

蒋文灿 . 1996. 鸡弧菌性肝炎 [J] . 上海畜牧兽医通讯，4：34 - 35.

李国勤，曹光荣 . 2000. 禽曲霉菌病流行病学研究进展 [J] . 山东家禽，6：30 - 32.

李佳鹏，周淑香，于赢，等 . 2008. 葡萄球菌的诊断和防治 [J] . 畜牧兽医科技信息，2：79.

刘健鹏，高政，任锁成，等 . 2009. 禽曲霉菌病的诊治 [J] . 畜牧与饲料科学，30 （11/12）：53 - 54.

刘利明，胡登峰，汪洋，等 . 2005. 鸡毒支原体的研究进展 [J] . 中国畜牧兽医，6：60 - 62.

刘梅英 . 2011. 禽葡萄球菌的综合防控 [J] . 养禽，5 （3）：58.

刘彦生 . 2013. 浅析禽病诊断中问诊的重要性 [J] . 中国畜禽种业，5：150 - 151.

牟建青，艾武，张秀美，等 . 2000. 鸡毒支原体感染的诊断与防治研究进展[J] . 山东农业科学，4：54 - 55.

苗得园，张培君，杨汉春，等．2001．鸡传染性鼻炎的诊断与防制研究进展 [J]．中国兽药杂志，35（2）：36-39．

齐新勇，周宗清．2003．禽曲霉菌病的危害及防治措施 [J]．上海畜牧兽医通讯，6：39．

塞弗·苏敬良，高福，索勋，译．禽病学 [M]．2009．第 11 版．北京：中国农业出版社：953-960．

田克恭．2013．人与动物共患病 [M]．北京：中国农业出版社：834-840．

田克恭，李明．2014．动物疫病诊断技术：理论与应用 [M]．北京：中国农业出版社：981-992．

王冰，高玉琢，崔玉富．2014．禽曲霉菌病的诊断及防控 [J]．兽医临床，2：127．

王承宇，宣华．2000．鸡毒支原体病研究进展 [J]．中国预防兽医学报，增刊．

王全文，张振国．2010．葡萄球菌的诊治 [J]．畜牧与饲料科学，31（12）：31-32．

王新华．2009．鸡病类症鉴别诊断彩色图谱 [M]．北京：中国农业出版社．

王训林．2013．禽曲霉菌病的临床症状与剖检变化 [J]．兽医临床，12：137．

吴清民．2006．兽医传染病学．北京：中国农业大学出版社．

杨文祥，于世平，薛凤梅，等．2010．禽曲霉菌病的诊断及防治措施 [J]．兽医临床，12：133．

张大丙，郑献进，曲丰发．2005．鸭传染性浆膜炎的诊断与防治技术 [J]．中国家禽，27（6）：46-52．

张强．2011．鸡弧菌性肝炎病的诊断与治疗 [J]．吉林畜牧兽医，32（6）：15．

张金灵，刘亚刚，吴皎，等．2006．鸭传染性浆膜炎研究进展 [J]．西南民族大学学报，32（4）：735-737．

赵立军，张涛，乌仁高娃．2009．禽结核病的诊断和防控 [J]．畜牧与饲料科学，30：61-62．

周爱军，范庆红，魏联果．2014．当前鸡沙门氏菌病流行特点及其防治现状 [J]．家禽科学，7：43-44．

朱士盛，王新．1995．鸡传染性鼻炎实验室诊断技术 [J]．中国动物检疫，

12 (4): 12 - 14.

Abduch - Fabrega, V. L. , Piantino - Ferreira, A. J. , Reis da Silva - Patricio, F. , Brinkley, C. &. Affonso - Scaletsky, I. C. (2002) . Celldetaching Escherichia coli (CDEC) strains from children with diarrhea: identification of a protein with toxigenic activity. FEMS Microbiol Lett 217, 191 -197.

Adachi, J. A. , Ericsson, C. D. , Jiang, Z. D. , DuPont, M. W. , Pallegar, S. R. &. DuPont, H. L. (2002a) . Natural history of enteroaggregative and enterotoxigenic Escherichia coli infection among US travelers to Guadalajara, Mexico. J Infect Dis 185, 1681 - 1683.

Adachi, J. A. , Mathewson, J. J. , Jiang, Z. D. , Ericsson, C. D. &. DuPont, H. L. (2002b) . Enteric pathogens in Mexican sauces of popular restaurants in Guadalajara, Mexico, and Houston, Texas. Ann Intern Med 136, 884 - 887.

Amar, C. F. , East, C. , Maclure, E. , McLauchlin, J. , Jenkins, C. , Duncanson, P. &. Wareing, D. R. (2004) . Blinded application of microscopy, bacteriological culture, immunoassays and PCR to detect gastrointestinal pathogens from faecal samples of patients with community - acquired diarrhoea. Eur J Clin Microbiol Infect Dis 23, 529 - 534.

Aranda, K. R. , Fagundes - Neto, U. &. Scaletsky, I. C. (2004) . Evaluation of multiplex PCRs for diagnosis of infection withdiarrheagenic Escherichia coli and Shigella spp. J Clin Microbiol 42, 5849 - 5853.

Basu, S. , Ghosh, S. , Ganguly, N. K. &. Majumdar, S. (2004) . A biologically active lectin of enteroaggregative Escherichia coli. Biochimie 86, 657 - 666.

Behrens, M. , Sheikh, J. &. Nataro, J. P. (2002) . Regulation of the overlapping pic/set locus in Shigella flexneri and enteroaggregative Escherichia coli. Infect Immun 70, 2915 - 2925.

Bernier, C. , Gounon, P. &. Le Bouguenec, C. (2002) . Identification of an aggregative adhesion fimbria (AAF) type Ⅲ - encoding operon in enteroaggregative Escherichia coli as a sensitive probe for detecting the AAF - encoding operon family. Infect Immun 70, 4302 - 4311.

Bhatnagar, S. , Bhan, M. K. , Sommerfelt, H. , Sazawal, S. , Kumar, R. & Saini, S. (1993) . Enteroaggregative *Escherichia coli* may be a new pathogen causing acute and persistent diarrhea. Scand J Infect Dis 25, 579 -583.

Bischoff, C. , Luthy, J. , Altwegg, M. & Baggi, F. (2005) . Rapid detection of diarrheagenic *E. coli* by real - time PCR. J Microbiol Methods 61, 335 - 341.

Bouckenooghe, A. R. , Dupont, H. L. , Jiang, Z. D. , Adachi, J. , Mathewson, J. J. , Verenkar, M. P. , Rodrigues, S. & Steffen, R. (2000) . Markers of enteric inflammation in enteroaggregative *Escherichia coli* diarrhea in travelers. Am J Trop Med Hyg 62, 711 - 713.

Bouzari, S. , Jafari, A. & Zarepour, M. (2005) . Distribution of virulence related genes among enteroaggregative Escherichia coli isolates: using multiplex PCR and hybridization. Infect Genet Evol 5, 79 - 83.

Cerna, J. F. , Nataro, J. P. & Estrada - Garcia, T. (2003) . Multiplex PCR for detection of three plasmid - borne genes of enteroaggregative *Escherichia coli* strains. J Clin Microbiol 41, 2138 - 2140.

Clarke, S. C. (2001) . Diarrhoeagenic *Escherichia coli* - an emerging problem? Diagn Microbiol Infect Dis 41, 93 - 98.

Cohen, M. B. , Nataro, J. P. , Bernstein, D. I. , Hawkins, J. , Roberts, N. & Staat, M. A. (2005) . Prevalence of diarrheagenic *Escherichia coli* in acute childhood enteritis: a prospective controlled study. J Pediatr 146, 54 - 61.

第二章

病　毒　病

第十二节　禽　痘

禽痘是由禽痘病毒引起的禽的一种高度接触性传染病，由禽痘病毒属的几种禽类痘病毒引起。禽痘是家禽的很重要疾病，可引起产蛋下降和死亡。该病传播慢，其特征是体表无羽毛部位出现散在的、结节状的增生性皮肤病灶（皮肤型），或上呼吸道、口腔和食管黏膜出现纤维素性坏死和增生性病灶（白喉型），也可能同时发生全身性感染。

禽发生温和性皮肤型痘时，死亡率较低，而发生白喉型禽痘、全身性感染、并发感染或环境条件差时，死亡率较高。

一、流行特点

病禽和带毒禽是主要的传染源。鸡、火鸡、鸽、鸭、鹅和鹌鹑易感。痘病毒感染是病毒通过机械性传播到受损伤的皮肤而引起的。通过病禽与健康禽直接接触传播，脱落和碎散的痘痂是禽痘病毒传播的主要形式。在免疫接种时，还可通过工作人员的手和衣服携带病毒。另外其他未知物也可将病毒传入易感鸟类的眼内，昆虫也可作为病毒的机械性媒介引起禽类眼部感染。病毒可通过泪管至喉部引起上呼吸道感染。在被污染的环境中，含病毒的羽毛及干燥痂皮所形成的气溶胶为皮肤感染及呼吸道感染提供了合适的条件。吸血昆虫可作为禽痘感染的媒介。

本病一年四季均可发生，但以春秋两季蚊虫活跃季节最易流行。

二、临床症状

潜伏期 4～14 天。

根据感染部位可分为皮肤型、白喉型、混合型和败血型。

皮肤型：此型最常见，以无毛或少毛处，如头部（冠、肉髯、口角和眼眶），有时可见翅内侧、腿、胸腹及泄殖腔周围形成一种特殊的痘疹。特征性病变是局灶性上皮组织增生（包括表皮和羽毛囊），初期为小的白色病灶，很快体积增大、变黄，形成结节。

白喉型：白喉型（湿痘）病例的口腔、食道或气管黏膜可见溃疡或白喉样黄白色病变，并伴有轻微鼻炎样呼吸道症状或类似于传染性喉气管炎感染气管出现的严重呼吸道症状。口角、舌、喉头和气管上部分病变可影响采食、饮水和呼吸。对即将开产和较大的禽类，该病病程较长，伴有消瘦和产蛋减少。发病率和死亡率差异较大。

混合型：皮肤和黏膜均受侵害，病情较严重，死亡率高。

败血型：极少见，以严重的全身症状开始，继发肠炎，病禽多为迅速死亡或转为慢性腹泻死亡。

三、剖检病变

鸡皮肤型痘的特征性病变是局灶性上皮组织增生（包括表皮和羽毛囊），初期为小的白色病灶，很快体积增大、变黄，形成结节。鸡皮肤感染后第 4 天可见有少量原发性病变，第 5～6 天形成丘疹，接着是水泡期，并形成广泛的厚痂。邻近的病变可能融合，变成粗糙的灰色或暗棕色。在大约 2 周或更短的时间内，病灶基部发炎并出血，之后形成痂块。这一过程可能要持续1～2周，并随着变性上皮层的脱落而结束。

白喉型可在口腔、食管、舌或上呼吸道黏膜表面形成微隆起、白色不透明结节或出现黄色斑点。这些结节迅速增大，并融合成黄色、奶酪样坏死的伪白喉或白喉样膜。撕去此层膜，可见出血性糜烂。炎症还可延伸至窦腔，尤其是引起眶下窦的肿胀。另外也可危及到咽喉部（引起呼吸道症状）和食管。一般以冠、肉髯皮肤型感染并发口腔和呼吸道白喉型病变比较常见。除皮肤其他部位的病变和白喉型病变外，还常伴有眼和眼睑病变。

四、诊断

（一）现场诊断

根据临床症状和剖检可以作出初步诊断，确诊需通过实验室诊断。

（二）实验室诊断

1. **显微镜观察**　病灶抹片以瑞氏染色或姬姆萨染色可见禽痘病毒的原生小体（Borrel氏体）。皮肤型或白喉型病灶的组织切片可以通过常规方法进行染色，以观察胞浆包含体。

2. **病毒分离与鉴定**　将感染组织病料悬液通过划冠、刺翼和大腿毛囊接种可将禽痘病毒传播给易感鸟类，5～7天后可产生特征性皮肤病灶。或将皮肤型或白喉型病变材料的悬液接种于9～12日龄SPF鸡胚的绒毛尿囊膜上，接种后5～7天后可发现痘斑。

3. **血清学检测**　酶联免疫吸附试验是检测抗体的最佳选择，在感染后7～10天可检测到抗体。另外，荧光抗体、免疫过氧化物酶、免疫扩散免疫扩散、被动血凝试验也可用于进行抗原抗体的检测。

4. **分子生物学检测**　聚合酶链式反应（PCR）可以扩增出大小不同的禽痘基因组 DNA 序列。该技术适用于样品中仅含极少量的病毒，另外 PCR 也用于区分禽痘疫苗株和野外分离株。

（三）鉴别诊断

临床中应注意与传染性喉气管炎、仔鸡泛酸和生物素缺乏、鸡毛滴虫病进行鉴别诊断。

五、综合性防制措施

（一）预防

1. **综合性措施**　平时做好卫生防疫工作。及时消灭蚊虫，避免各种原因引起的啄癖和机械性外伤。新引进的家禽应隔离观察，证明无病后方可合群。一旦发生本病，应隔离病禽，病重者淘汰，死禽深埋或焚烧。禽舍、运动场和一切用具要严格消毒。因为存在于皮肤病痕中的病毒对外界环境抵抗力很强，所以鸡群发生本病时，隔离的病鸡应在完全康复 2 个月后方可合群。

2. **疫苗接种**　鸡痘疫苗可以通过刺翼接种的方法免疫，经 1 周产生免疫力，各种日龄均可接种，若在 13 周龄与 20 周龄两次接种本疫苗，可在整个产蛋期产生保护。鸡群接种 7～10 天检查是否接种成功，接种成功的鸡在接种后 3～4 天刺种部位会出现红肿，随后产生结节并结痂，2～3 周后痂块脱落。

为预防痘病的发生，应在可能发病的日龄以前对易感禽进行免疫接种。在秋冬季多发本病的地区，通常在春夏季进行免疫接种。在有不同日龄禽混合饲养的大饲养场或四季均有本病发生的热带地区，应随时进行免疫接种。

（二）治疗

本病无有效治疗方法，主要在加强护理的基础上进行对症治疗，以减轻病禽的症状和防止继发性细菌性感染。

（原霖　周智）

第十三节　禽流行性感冒

禽流行性感冒，简称禽流感（以下称禽流感），是由正黏病毒科流感病毒属甲型流感病毒引起的一种人与动物共患传染病。根据禽流感的临床表现分为两大类，其中以引起急性、热性和高度致死性的禽流感被称之为高致病性禽流感，以引起家禽低死亡率和轻度呼吸道感染的禽流感被称之为低致病性禽流感。高致病性禽流感为我国一类动物疫病，低致病性禽流感为我国二类动物疫病。

一、流行特点

鸡、火鸡、鸭、鹅、鹌鹑、鸵鸟等禽类和多种野鸟均可感染本病。

患病禽类是主要的传染源，其次是康复或隐性带毒的动物。带毒鸟类和水禽常常是鸡和火鸡流感的主要传染源，这些禽类感染后可长期带毒并通过粪便排毒，而其自身不表现任何症状。野生鸟类，特别是迁徙的水禽是目前公认的世界范围内禽流感暴发和流行的传染源。

禽流感病毒可以通过感染禽与易感禽之间的直接接触传播或通过气溶胶及与带有病毒的污染物接触而间接传播。由于呼吸道中病毒的滴度非常高，因而呼吸道产生的气溶胶是一个重要的传播媒介。而含毒量较低的粪尿，由于体积大也是病毒传播的一个主要途径。禽流感病毒还可以很容易地通过人（污染的鞋和衣服）传播到其他场所或污染生产和拖运设备以及活禽市场中的其他公用设施。

禽流感一年四季均可发生，以秋冬季节多发。

二、临床症状

禽流感引起疾病的潜伏期长短不等，一般为 3～5 天，短的仅几小时。

低致病性禽流感：临床以呼吸道、消化道、泌尿生殖器官症状为主。呼吸道感染最常见的症状有轻度至中度的咳嗽、打喷嚏、呼吸啰音和流泪。产蛋鸡表现为喜欢伏窝但产蛋量下降。另外，无明显特征的临床症状包括扎堆、羽毛蓬乱、精神沉郁、少动、消瘦、食欲和饮水量下降，以及间歇性腹泻等。产蛋鸡的产蛋率、受精卵和孵化率明显降低。

高致病性禽流感：皮下、浆膜下、黏膜、肌肉及各内脏器官广泛充血、出血，尤其是腺胃黏膜可呈点状或片状出血，腺胃和食道交界处、腺胃与肌胃交界处有出血带或溃疡。喉头、气管有不同程度的出血，管腔内有大量黏液或干酪样分泌物。卵巢和卵泡充血、出血，输卵管内有多量黏液或干酪样物。整个肠道尤其是小肠，从浆膜层即可看到肠壁有大量黄豆至蚕豆大小出血斑或坏死灶。盲肠扁桃体肿胀、出血、坏死。胰腺明显出血或有黄色坏死灶。有些病例头颈部皮下水肿。肾脏肿大，有尿酸盐沉积。法氏囊肿大，内有少量黏液，有时有出血。肝脏、脾脏出血，有时肿大。腿部可见充血、出血。脚趾肿胀，伴有瘀斑性变色。鸡冠、肉髯极度肿胀并伴有眶周水肿。偶见神经症状，如局部麻痹、瘫痪、前庭退化（斜颈和眼球震颤）等。

三、剖检病变

低致病性禽流感：家禽的病变主要发生在呼吸道尤其是鼻窦，典型特征是出现卡他性、纤维蛋白性、浆液纤维素性、黏脓性或纤维素性脓性的炎症。气管黏膜充血水肿，偶尔出血。气管渗出物从浆液性变为干酪样，偶尔发生通气闭塞导致窒息。眶下窦肿胀，鼻腔流出黏液性到黏脓性的分泌物。腹腔出现卡他性到纤维蛋白性炎症和卵黄性腹膜炎。卡他性到纤维蛋白性腹膜炎也可发生在盲肠和/或肠道，尤其是火鸡。产蛋禽的输卵管也有炎性分泌物，蛋壳上的钙沉积减少。这样的蛋畸形且易碎，色素沉着少。卵巢衰退，开始表现为大滤泡出血，进而溶解。输卵管水肿，有卡他性、纤维蛋白性分泌物。少数产蛋鸡和静脉接种鸡会出现肾脏肿胀及内脏尿酸盐沉积。

高致病性禽流感：主要表现为内脏器官和皮肤水肿、出血和渐进性坏死等病变。暴发性死亡禽，有时由于大体病变没出现之前死亡，可能没有明显的病变。感染鸡会出现头、面部和颈上部的肿大，脚部皮下水肿并伴随有出血点或渗出性出血。瘀血性水肿较普遍。无羽毛部位皮肤出现坏死灶、出血和苍白现象，尤其是鸡冠和肉髯。内脏器官的病变随病毒毒株而变化，浆膜和黏膜表面出血和内脏器官软组织出现坏死灶是共有的典型特征。心外膜、胸肌、腺胃和肌胃黏膜的出血尤其明显。对大部分高致病性禽流感来说，坏死灶主要发生在胰腺、脾脏和心脏，偶尔也发生在肝脏和肾脏。肾损伤可能同时还伴随有尿酸盐沉积。肺脏首先在中部出现间质性肺炎，最后呈弥散状，并伴有水肿，充血或出血。法氏囊和胸腺萎缩。

四、诊断

(一) 现场诊断

由于不同品种的禽在感染禽流感病毒后出现的临床症状和损伤情况变化较大，因此禽流感必须通过实验室诊断来确诊。

(二) 实验室诊断

1. 病毒分离与鉴定　活禽或死亡禽的气管或泄殖腔拭子中

可分离出禽流感病毒。拭子可以放在灭菌转移液中，其中加入大量抗生素以阻止细菌的生长。呼吸道和肠道的组织、分泌物或排泄物都适合用作病毒分离。可以用 10～11 日龄的鸡胚通过尿囊腔接种样品的方法来分离和鉴定病毒。72 小时后或 48 小时内死亡后的鸡蛋应该从孵化室取出，冷藏并收集尿囊液。通过测定尿囊液对鸡红细胞的凝集能力来确定病毒的存在。

2. **分子生物学检测**　使用反转录-聚合酶链式反应（RT－PCR）方法直接从待检样本，如组织、拭子、细胞培养物或孵化期的鸡蛋中检测禽流感病毒。

3. **血清学检测**　通过血凝试验和血凝抑制试验检测，即使用阳性血清测定病原的血凝效价或取待测动物血清，与抗原作用进行抗体效价的测定。

4. **琼脂扩散试验**　使用禽流感病毒抗原测定待检血清中的抗体。

5. **酶联免疫吸附试验**　测定禽流感的抗原或抗体。

（三）鉴别诊断

需要与禽流感进行鉴别诊断的，如新城疫病毒、禽肺病毒和其他副黏病毒、传染性喉气管炎病毒、传染性支气管炎病毒、衣原体、支原体和其他细菌引起的感染。

五、综合性防制措施

（一）预防

1. **综合性措施**　预防和控制禽流感病毒感染的措施主要集中在阻止病毒的入侵和入侵后控制病毒的进一步传播。由于家禽中的禽流感病毒最有可能是来源于其他感染禽，因此预防家禽感染禽流感病毒的基本措施就是将易感禽与已经感染的禽和它们的分泌物以及排泄物隔离。一旦易感禽与感染禽密切接触或将感染禽的污染物引入易感禽的禽舍就会导致病毒的传播。引入途径与设备、鞋和衣服、车辆、授精仪器等的转移有关。带有病毒的粪尿是病毒随设备和人传播的重要媒介。

野鸟作为流感病毒的储藏库，可以说是家禽尤其是散养禽感染禽流感病毒的主要来源，因此减少家禽与野鸟之间的接触非常重要。活禽市场则是商品禽感染流感病毒的重要来源。由于流感病毒可以从呼吸道和消化道排出，因此在禽舍中禽与禽之间的传播可能是由空气和摄食引起。污染的粪尿最有可能导致疾病在禽群之间传播。在商品禽感染禽流感病毒后，污染的可移动的设备和工作人员、家禽市场、感染禽的交易，以及清洗和消毒不彻底等都会导致疾病的传播。所有的控制措施都应以防止污染和控制人员和设备的流动为基础。直接与禽或其粪便接触的人是导致许多疾病在禽舍和农场之间传播的重要媒介。禽舍内的设备在没有充分清洗和消毒之前不能在农场之间流动，并且必须保持禽舍附近的道路不要被粪便污染。

2. **疫苗接种**　目前我国动物用禽流感疫苗主要是灭活疫苗，并实行对高致病性禽流感的强制免疫政策。此外，禽流感重组鸡痘病毒基因工程疫苗和禽流感新城疫重组二联疫苗也在推广使用。

（二）治疗

目前对于商品禽中暴发的流感还没有切实可行的特异性治疗方法，如发生高致病性禽流感要采取全群扑杀的措施。

（原霖　张文杰）

第十四节　新　城　疫

新城疫又称"亚洲鸡瘟"，是由新城疫病毒引起的多种禽类发生感染和高度死亡的一种急性、高度接触性、致死性传染病。

新城疫传染性强，传播速度快，是严重危害我国和世界养禽业发展的重要传染病，每年均造成巨大的经济损失。新城疫被世界动物卫生组织列为法定报告的动物传染病之一。其主要特征是呼吸困难、下痢、神经机能紊乱、黏膜和浆膜出血、坏死，常呈败血症经过。

一、流行特点

一年四季均可发生，尤以冬春寒冷季节和气候多变季节多发。各种日龄和品种的鸡均可感染，20～60日龄鸡最易感，死亡率可高达95％～100％。潜伏期为2～15天，平均5～6天。幼鸡的发病率和死亡率高于成年鸡，纯种鸡比杂交鸡易感，死亡率也较高。发病的早晚和症状表现依病毒的毒力、宿主年龄、免疫状态、感染途径及剂量、并发感染、环境及应激情况等而有所不同。主要的传染源是病鸡和带毒鸡的分泌物和粪便，此外，被污染的饲料、饮水、器械、非易感的野禽、外寄生虫以及人畜等均可传播病源。传播途径主要是消化道和呼吸道，也可经损伤的皮肤或黏膜侵入体内。目前，在国内大中型养鸡场，鸡群有一定的免疫力。新城疫主要以非典型形式出现，临床症状和病理变化不明显。

二、临床症状

鸡感染后体温可达44℃，临床症状以呼吸道和消化道症状为主，主要表现为精神委顿、头颈伸直、张口呼吸、咳嗽和气喘、食欲减少、羽毛松乱、呈昏睡状。有时出现神经症状，表现为腿和翅麻痹，运动失调，头向后仰或向一边弯曲等，病程可长达1～2个月，多数最终死亡。冠和肉髯呈暗红色或黑紫色。排水样恶臭稀粪，药物治疗效果不明显。病鸡逐渐脱水消瘦，呈慢性散发性死亡。嗉囊内常充满液体，喉部发出"咯咯"声。亚急性或慢性型症状与急性型相似，但病情较轻。

三、剖检病变

剖检病变不典型，其中最具诊断意义的是十二指肠黏膜、卵黄柄前后的淋巴结、盲肠扁桃体、回直肠黏膜等部位的出血灶及脑出血点。黏膜和浆膜出血，特别是腺胃乳头和贲门部出血。心包、气管、喉头、肠和肠系膜充血或出血。直肠和泄殖腔黏膜出血。卵巢坏死、出血，出现卵泡破裂性腹膜炎等。消化道淋巴滤泡的肿大出血和溃疡是特征之一。消化道出血病变主要分布于腺胃、十二指肠、小肠、回肠等内脏器官。其他组织器官眼观病变可能有：结膜下出血、脾脏局灶性坏死、支气管水肿、肝脏局灶性坏死和心脏出血等。鸡和火鸡在产蛋期感染速发型毒株通常可见腹腔中有卵黄，其他生殖器官可能伴有出血和颜色变化。

四、诊断

（一）现场诊断

典型的新城疫常可根据流行病学、临床症状和病理变化等作出初步诊断。但目前一般以非典型性新城疫较常见，主要表现为呼吸道症状，而消化道病变不明显，非急性致病性，致死率不高。因此，一般需要进行必要的实验室检查才能确诊。

（二）实验室诊断

实验室诊断技术主要有常规诊断技术。血清学检测技术，包括血凝（HA）和血凝抑制（HI）试验、琼脂扩散试验、免疫荧光试验、免疫组化技术、ELISA、中和试验等；分子生物学诊断技术包括核酸探针检测技术、RT－PCR 和实时荧光定量 RT－

PCR 技术。HI 试验为最常见的一种快速准确的传统实验室检测手段。非典型新城疫常有呼吸道症状，应与传染性支气管炎、传染性喉气管炎和慢性呼吸道疾病等相区别，其鉴别要点是非典型新城疫一般出现神经症状，而其他呼吸道病无神经症状。非典型新城疫的神经症状与马立克氏病、鸡脑脊髓炎、维生素缺乏症、锰和钙缺乏症等有神经症状及其相似疾病的症状有所不同。鉴别要点是非典型新城疫有呼吸道症状和呼吸道病变，而上述其他疾病没有此症状。当鸡群突然出现采食量下降，并伴有呼吸道症状和排绿色稀粪，成年鸡产蛋量明显下降时，应首先考虑到新城疫的可能性。通过对鸡群的仔细观察，发现呼吸道、消化道及神经症状，结合尽可能多的临床病理学剖检，如见到以消化道黏膜出血、坏死和溃疡为特征的示病性病理变化，可初步诊断为新城疫。确诊要进行实验室病毒分离和鉴定、血清学以及分子生物学技术等。

五、综合性防制措施

对于新城疫尚无有效的治疗方法，主要采取以预防为主的防制措施。除做好日常管理，如保持通风、严格消毒、均衡营养以及减少应激等措施外，目前免疫接种仍是预防新城疫的最主要措施和有效手段。常见的疫苗有活疫苗、灭活疫苗和基因工程苗等。

（一）建立健全严格的生物安全体系

鸡场的生活区和生产区要分开，严禁外来人员进入生产区；鸡场出口处设立消毒池，严格消毒；做好用具、粪便、垫料、污水处理等工作；实行全进全出，防止交叉污染，定期消毒；保持清洁，饲喂全价饲料，做好防寒保暖和通风换气，保证适宜的温度和湿度，减少和避免各种应激；合理使用药物，严格控制药物和添加剂残留，降低发病率；加强饲养管理，预防传染性法氏囊病、鸡传染性贫血、马立克氏病、淋巴细胞白血病等免疫抑制病。

（二）疫苗免疫接种

1. **建立科学的免疫程序，提高鸡群抗体水平和抗体均匀度** 在雏鸡出壳 1 日龄时按 2％左右的抽样率进行采血，检测雏鸡的母源抗体 HI 效价，确定首免时间。一般将 HI 效价 4log2 作为免疫接种的临界值，当母源抗体的 HI 效价在 4log2 以下时进行首免；首免后定期抽检，根据抽检结果以及本地区实际情况，适时强化免疫；根据抗体消长情况，及时进行补免；注意其他疫苗对新城疫的免疫干扰，两种不同疫苗的使用间隔一般在 7 天以上；根据当地的疫病流行情况、疫苗种类、母源抗体水平、其他疫苗的使用情况、是否有其他病原感染、鸡群大小、鸡群饲养期、劳动力、气候条件、免疫接种历史以及成本等实际情况，制订合理的免疫程序并适时调整。

2. **合理使用疫苗** 选用国家定点生物制品厂生产的合格疫苗，注意疫苗的购销渠道、产地和有效期限；弱毒疫苗在运输储藏过程中要注意高温和避免反复冻融；已经分层的油乳剂灭活疫苗和已经失真空的冻干弱毒疫苗不能使用；疫苗稀释后尽快用完，免疫剂量要准确，不能随意加大或减少；根据疫苗种类，选用合适的免疫途径，活疫苗一般采取饮水、喷雾、滴鼻或点眼的免疫方式，灭活疫苗一般采取肌内或皮下注射的免疫方式；一些药物和免疫增强剂可提高免疫效果，根据养禽场的具体情况，可在免疫前后适当添加抗应激药物或免疫增强剂。

3. **野毒感染时紧急接种** 定期进行抗体监测，商品肉鸡正常的抗体水平为 6～7log2，蛋鸡和种鸡在 8～9log2 时具有较好的保护力。注意抗体的离散度，离散度大表明免疫效果较差。如果鸡群抗体水平异常升高，或未接种疫苗抗体水平不下降反而升高，达到 11～12log2 时，提示鸡群可能有野毒感染，应及时进行紧急免疫接种。当有新城疫病毒感染时，采取紧急免疫接种措施，一般选用新城疫Ⅳ系油乳剂灭活疫苗，雏鸡每只接种量为0.3毫升，成年鸡每只接种量为0.6毫升。

（刘玉良）

第十五节　传染性支气管炎

传染性支气管炎，又称禽传染性支气管炎，是由冠状病毒引起的一种急性、高度接触性的呼吸道传染病。根据血清型可分为呼吸型、肾型和腺胃型。其主要特征为：咳嗽、打喷嚏、气管啰音；肾脏肿大、苍白、有大量白色的尿酸盐沉积，俗称"花斑肾"，具有重要的诊断意义。自1988年以来，鸡传染性支气管炎已相继在我国大部分地区流行，给养禽业造成了一定的经济损失。

一、流行特点

鸡是传染性支气管炎的唯一宿主，其他家禽均不感染。不同品种和品系的鸡易感性不同，不同年龄的鸡均易感，但以雏鸡病情最为严重，特别是2～35日龄的鸡最为易感。病程一般1～2周。

本病一年四季都可发生，但以冬春季节多发。主要传染源是病鸡和康复后的带毒鸡。病原既可通过空气飞沫经呼吸道传播，也可以通过污染的饲料、饮水和用具等经消化道进行传播。过热、严寒、拥挤、通风不良以及维生素、矿物质和其他营养不足，均可促进本病发生。全群均可发生感染，但死亡率有很大差异。6周龄以内的鸡死亡率可达25%或更高，6周龄以上的鸡死亡率很小。在我国，腺胃型传染性支气管炎引起的肉用仔鸡死亡率可达15%～86%。

二、临床症状

潜伏期一般为 18～36 小时，根据临床症状可分为呼吸型、肾型和腺胃型。

呼吸型：突然出现呼吸道症状并很快波及全群，发病鸡表现为咳嗽、打喷嚏、喘息、气管啰音和流鼻涕，有"咕噜"音，尤以夜间最明显，精神沉郁、畏寒、食欲降低、羽毛蓬乱、喜扎堆，个别鸡鼻窦肿胀、流泪。蛋鸡表现为产蛋量下降，产软壳蛋、畸形蛋或粗壳蛋，并且蛋清稀薄。

肾型：多发于 20～40 日龄雏鸡。发病初期有轻微呼吸道症状，感染后 24～48 小时开始气管发出啰音，打喷嚏及咳嗽，2～3 天后呼吸道症状有所减轻，1 星期左右进入急性发病阶段。病鸡沉郁、扎堆、厌食，排白色米汤样稀便或水样便，机体严重脱水，迅速消瘦，饮水量增加。雏鸡死亡率最高可达 70%，6 周龄以上鸡死亡率很低。

腺胃型：多发于 20～110 日龄的鸡，病程为 10～25 天。病鸡除轻微的呼吸道症状外，还表现为流泪、眼睛肿胀、消瘦和拉稀，发病率可达 100%，死亡率为 3%～5%。

三、剖检病变

呼吸型：发病鸡可见气囊浑浊或含有干酪性渗出物，在鼻腔、气管、支气管内含有淡黄色半透明的浆液性、黏液性渗出物，病程稍长的变为干酪样物质并形成栓子；产蛋鸡的腹腔中可见卵黄液，卵泡有充血、出血、变形等病变。

肾型：主要表现在肾脏高度肿胀、苍白，肾小管内大量的尿酸盐沉积，扩张，表面呈红白相间斑驳状的"花斑"，俗称"花斑肾"。严重的在心脏和肝脏等腔脏器表面可见白色的尿酸盐沉着。有时可见法氏囊有黏膜充血、出血，囊腔内积有黄色胶冻状物；肠黏膜有卡他性炎症变化。

腺胃型：病初腺胃乳头水肿、出血，呈环状；后期腺胃肿胀、肿大，形似乒乓球。也可见胰腺肿大、出血，胸肌严重萎缩。

四、诊断

（一）现场诊断

通过了解流行病学、观察临床症状和剖检病变，可以作出初步诊断。

（二）实验室诊断

确诊需要进行实验室诊断。采集气管、气管拭子、肾脏或盲肠扁桃体等可见病变的组织样品进行实验室诊断。除病毒的鸡胚分离或气管组织培养外，还必须通过 ELISA、免疫组化、核酸分析或电子显微镜检查才能确诊。

（三）鉴别诊断

传染性支气管炎是鸡场一种常见疾病，在临床上注意与传染性喉气管炎、传染性鼻炎、鸡新城疫等进行鉴别诊断。鸡传染性喉气管炎传播较慢，但病鸡呼吸道症状较为严重；鸡传染性鼻炎主要侵害鸡的鼻腔和鼻窦，且出现面部肿胀。鸡新城疫比传染性喉气管炎的临床表现严重，致死率高，病鸡常出现神经症状。

五、综合性防制措施

（一）预防

1. **综合性措施** 应严格执行引种和检疫隔离措施，坚持

"自繁自养，全进全出"制。引进鸡只前应对鸡舍进行严格的清洗、消毒。鸡只和种鸡、种蛋进场或混群前要进行严格的检疫和隔离。

加强饲养管理，舍内定期消毒。不同日龄的鸡分舍饲养，保持合理的饲养密度，避免鸡群过挤，注意防寒保暖，避免过冷、过热。加强鸡舍通风换气，防止有害气体刺激呼吸道。

2. 疫苗接种 鸡传染性支气管炎病毒的血清型较多，各型之间交叉保护性较差，应根据当地流行血清型的情况，有针对性地选用疫苗进行预防。常用的疫苗有鸡传染性支气管炎 H_{120}、H_{52} 及其灭活油剂苗等。H_{120} 毒力弱，主要用于雏鸡的首次免疫。H_{52} 毒力较强，主要用于 8～10 周龄鸡加强免疫。油苗各种日龄鸡均可使用。弱毒苗可采用点眼、饮水和气雾免疫，油苗可做皮下注射。H_{120} 疫苗的免疫期为 2 个月，H_{52} 疫苗的免疫期约为 6 个月。

（二）治疗

本病目前尚无特效治疗药物，发病后及时诊断，立即报告，及时淘汰发病鸡和可疑病鸡。发病鸡舍、饲养管理用具等进行全面消毒。无害化处理病死鸡。对可疑鸡和受威胁的鸡采取紧急免疫接种，可有效减少病鸡的出现。同时在饲料或饮水中添加抗菌药物，可防止继发感染。

（李晓霞　郭俊林）

第十六节　传染性喉气管炎

传染性喉气管炎是鸡的一种病毒性、急性、高度接触性呼吸道传染病。其特征为呼吸困难、咳嗽、喘气和咳出血样黏液。可引起鸡死亡和产蛋下降，各种日龄和品种的鸡均可感染。温和型感染逐渐增多，表现黏液性气管炎、窦炎、结膜炎和低死亡率等。本病主要通过呼吸道和眼进行传播，也可经消化道感染。

传染性喉气管炎在鸡群内传播速度快，发病急，发病率较高，在我国较多地区发生和流行，严重危害养禽业的发展。

一、流行特点

传染性喉气管炎病毒主要侵害鸡。不同年龄和品种的鸡均易感，但以育成鸡和蛋鸡多发。本病一年四季都可发生，但以秋冬寒冷季节多发。本病康复鸡可带毒1年以上。主要传染源是康复后的带毒鸡、病鸡和无症状的带毒鸡。病原通过空气飞沫经呼吸道传播，也可经眼感染，消化道也可能是其感染途径。污染的饲料、饮水和用具等也可成为传播媒介。过热、严寒、拥挤、通风不良以及维生素、矿物质和其他营养不足，均可促进本病发生。

本病自然感染的潜伏期6～12天，一旦传入鸡群，传播速度较快，2～3天可波及全群，感染率可高达90%～100%，死亡率为5%～70%，平均为10%～20%。自然感染该病毒后可产生坚强的免疫力，一般可获得至少1年以上甚至终生免疫。易感鸡接种疫苗后可获得半年至1年不等的保护力。

二、临床症状

潜伏期一般为6～12天，病程一般为10～14天，部分鸡群可延长到3～4周。发病后2～3天就可使25%以上的鸡感染并表现出明显的症状。根据临床症状可分为急性型和温和型。

急性型（喉气管型）：病程大约15天，最急性型病例于24小时左右死亡，多数5～10天或更长。发病后10天左右鸡只死亡开始减少，鸡群状况开始好转，存活鸡多经8～10天恢复。发病初期，常有数只鸡突然死亡。流半透明状鼻液，伴有结膜炎，流泪，其后出现特征性呼吸道症状，表现为湿啰音、咳嗽、摇头。每次吸气时头和颈部呈向前向上、张口、尽力吸气的姿势，发出响亮的喘鸣音。严重病例，呼吸极度困难，痉挛咳嗽，咳出带血的黏液，可污染颜面及头部羽毛。在鸡舍墙壁、垫草、鸡笼等可见血痕。病鸡食欲降低，迅速消瘦，鸡冠发紫，有时排出绿色稀粪，并逐渐衰竭死亡。喉部黏膜上有淡黄色纤维素性凝固物附着。蛋鸡表现为产蛋量迅速下降或停产。

温和型：由毒力较低的病毒株引起，流行较缓和，发病率低，症状轻微。病鸡精神沉郁，生长缓慢，出现眼结膜炎、鼻炎及气管炎等症状。病程较长者达1月，死亡率低，绝大部分病鸡可以耐过。蛋鸡表现为产蛋率下降，畸形蛋增多，呼吸道症状不明显。

三、剖检病变

本病典型病变主要在喉部和气管。发病初期气管中有含血黏液或血凝块，管腔变窄，2～3天后出现黄白色纤维素性干酪样假膜。最急性型病鸡多为急性死亡，通常无明显病理变化。上1/3气管环严重充血。急性型病鸡喉头和气管黏膜肿胀、充血，严重出血，气管内有时可见条状出血。温和型病例由于炎性渗出物中的水分被吸收，在喉头和气管中出现黄白或灰黄色纤维素性干酪样物堵塞，气管环出血。蛋鸡还出现卵巢异常，卵泡变形、充血、出血。

四、诊断

（一）现场诊断

通过了解流行病学、观察临床症状和剖检病变，可以作出初步诊断。

（二）实验室诊断

确诊需要进行实验室诊断。无菌采集病死鸡的喉头、气管、渗出物等接种 9～12 日龄鸡胚，48 小时后在鸡胚的绒毛尿囊膜上可见痘斑样坏死灶，周围组织在显微镜下可见核内包含体。在发病初期（1～5 天），气管和眼结膜组织制作成石蜡切片，姬姆萨氏染色镜检。如果在气管和黏膜组织内发现多核细胞和核内包含体，可作出初步诊断。此外，也可以采用琼脂扩散试验、间接血凝试验、动物回归试验等方法进行确诊。

（三）鉴别诊断

传染性喉气管炎是鸡场一种常见疾病，在临床上注意与传染性支气管炎、传染性鼻炎、鸡新城疫等进行鉴别诊断。感染传染性喉气管炎的病鸡呼吸困难的程度较其他几种疾病要重，常常咳出带血的黏液，在鸡笼或墙壁可见带血的黏液，而其他几种患病鸡无咳血现象。

五、综合性防制措施

（一）预防

1. **综合性措施** 应严格执行引种和检疫隔离措施，坚持"自繁自养，全进全出"制。引进鸡只前应对鸡舍进行严格的清洗、消毒。鸡只和种鸡、种蛋进场或混群前要进行严格的检疫和隔离。加强饲养管理，定期对饲养管理用具和鸡舍进行消毒。不同品种、日龄的鸡分舍饲养，保持合理的饲养密度，避免鸡群过挤，注意防寒保暖，避免过冷、过热。加强鸡舍通风换气，防止有害气体刺激呼吸道。适当补充维生素、矿物质等，提高鸡体的免疫能力。

2. **疫苗接种**　目前，国内外预防传染性喉气管炎通常采用的疫苗均为弱毒疫苗。但所有疫苗普遍存在毒力偏强、引起潜伏感染、毒力返强等弱点。因此在没有传染性喉气管炎病毒存在时，尽量不使用疫苗，也不要将接种疫苗和未接种疫苗的鸡混群饲养。对已发病鸡场采用传染性喉气管炎弱毒疫苗进行免疫，采取刺种和泄殖腔黏膜涂抹的方法进行免疫接种，尽量不采用点眼的方法进行免疫。首次免疫在1月龄以上，6周后再接种一次。

（二）治疗

本病目前尚无特效药物治疗，可采用对症疗法。发病后及时诊断，立即报告，及时淘汰发病鸡和可疑病鸡。发病鸡舍、饲养管理用具等进行全面消毒。无害化处理病死鸡。对可疑鸡和受威胁的鸡采取紧急免疫接种，可有效减少病鸡的出现。同时在饲料或饮水中添加抗菌药物，能防止继发感染。

（李晓霞　张丽）

第十七节　鸡马立克氏病

鸡马立克氏病是鸡常见的一种淋巴细胞增生性疾病，通常以外周神经和包括虹膜在内的其他各种器官和组织的单核细胞浸润，形成淋巴肿瘤为特征。本病具有高度的传染性。呼吸道是本病的主要传播途径，也可通过消化道进行传播。根据病变发生的主要部位分为神经型、内脏型、眼型和皮肤型，其中神经型和内脏型较常见。鸡马立克氏病广泛分布于世界各地，病毒一旦侵入易感鸡群，严重的发病率几乎可达100%，给养禽业带来严重的经济损失，是危害养禽业最重要传染病之一。该病是第一个可用疫苗进行预防的肿瘤性疫病。

一、流行特点

鸡是该病的主要宿主之一，在自然条件下也可感染火鸡、野鸡、鹌鹑等，但极少发病。不同年龄和品种的鸡均易感，但以幼龄鸡最易感。母鸡比公鸡易感。鸡感染马立克病毒后，可终生携带病毒。主要传染源是康复后的带毒鸡、病鸡、和隐性感染鸡。病鸡脱落的角化毛囊、毛屑和鸡舍中的灰尘，以及分泌物和排泄物都是重要的传染媒介。病原既可通过空气飞沫经呼吸道传播，也可经消化道进行传播。本病不同品种鸡发病率差异较大，一般肉鸡为20%～30%，个别达60%；蛋鸡为10%～15%，个别达50%。急性型发病率较高，发病率几乎等于死亡率，只有少数能康复。

二、临床症状

潜伏期一般为3～4个月，有的时间更长。根据病变发生的主要部位可分为神经型、内脏型、眼型和皮肤型。

神经型：主要侵害外周神经，以坐骨神经、臂神经、颈部神经等多见。侵害神经部位不同其症状也不同。侵害坐骨神经表现为病鸡步态不稳、不全麻痹，后期则不能站立，常呈现一腿伸向前、另一腿伸向后的劈叉姿势；侵害颈部神经时，病鸡表现为被侵害的翅膀下垂；侵害迷走神经时病鸡表现嗉囊麻痹扩张、鸣叫失声、呼吸困难；侵害腹部神经时病鸡常出现腹泻症状。除神经症状外病鸡还表现采食困难、精神沉郁、消瘦等。

内脏型：较常见。病鸡表现颜面苍白、精神沉郁，个别鸡极度消瘦、拉稀。有的病鸡鸡冠呈紫黑色。部分鸡可出现神经症状，出现共济失调、单侧或双侧肢体麻痹。如发生体积较大的肿瘤时通过腹腔触诊，可以发现病鸡的腹腔器官显著增大。

眼型：侵害单侧或双眼。表现为虹膜失去正常色泽，颜色变灰白色，或灰白色的同心环状或斑点状。瞳孔边缘不整齐，逐渐变小，视力降低或失明。

皮肤型：此型较少见。鸡羽毛囊肿大，呈灰白色结节状或瘤状。该病变常见于大腿、颈部及躯干背面等羽毛粗大的部位。

三、剖检病变

神经型：病变主要见于外周神经，病变程度不一。坐骨神经丛、臂神经丛、腹腔神经丛等神经肿大、粗细不均匀。受侵害的神经比正常的增大 2～3 倍，呈灰白或灰黄色，纹理消失。常侵害单侧神经，通过比较对侧神经进行诊断。除有神经病变外，肝脏、脾脏和肾脏等内脏器官也可见肿瘤形成。组织学病变是肿瘤性质的淋巴样细胞浸润。

内脏型：病毒主要侵害卵巢、肾脏、脾脏、肝脏、心脏、肺脏、胰、胃肠、肌肉等内脏器官。组织脏器表面可见大小不等的肿瘤，呈灰白色。有时呈弥漫性细胞增生或浸润致，组织器官增大，色泽变淡质地变脆。法氏囊萎缩、增厚。组织学病变是弥漫性增生的大、中、小淋巴细胞，淋巴母细胞和网状细胞等。

眼型：特征是虹膜和睫状肌肉的单核细胞浸润。

皮肤型：鸡羽毛囊肿大，呈灰白色结节状或瘤状。组织学病变是羽毛囊周围有大量的单核细胞浸润，在真皮的血管周围也见有少量浆细胞和组织细胞增生。

四、诊断

（一）现场诊断

通过了解流行病学、观察临床症状和剖检病变，可以作出初步诊断。

（二）实验室诊断

确诊需要进行实验室诊断。病理组织学诊断是确诊该病的金标方法。采集病鸡的神经、肝脏、脾脏和肾脏等可见肿瘤病变的组织制作成石蜡切片，经 HE 染色镜检，可作出确诊。此外，也可以采用病毒的分离鉴定、荧光抗体法、免疫过氧化物酶法、琼脂扩散试验以及酶联免疫吸附试验等方法进行确诊。

（三）鉴别诊断

鸡马立克氏病是鸡场一种常见疫病，该病往往与禽白血病同时感染。且内脏型马立克氏病很难与网状内皮组织增殖症和禽白血病区别开，诊断时应注意鉴别。

五、综合性防制措施

（一）预防

1. **综合性措施**　应严格执行引种和检疫隔离措施，坚持"自繁自养，全进全出"制。严把引进鸡苗或种蛋关，购进鸡苗时一定要督促卖方做好马立克氏病的免疫注射工作。鸡只进场前应对鸡舍进行严格的清扫、消毒，采用 3% 的火碱对鸡舍墙壁、地面以及整个养殖场全面消毒；鸡只和种鸡、种蛋进场或混群前要进行严格的检疫、隔离和消毒。加强饲养管理，定期对饲养管理用具和鸡舍进行消毒。及时清除鸡舍内外的粪便、羽毛及异物，并进行消毒和发酵处理。对栏舍用 3% 火碱、5% 来苏儿水等对地面及墙面进行彻底消毒。不同品种、日龄的鸡分舍饲养，保持合理的饲养密度，避免鸡群过挤，注意防寒保暖，避免过冷、过热。加强鸡舍通风换气，防止有害气体刺激呼吸道。在饲料中适当添加维生素、矿物质等，提高鸡群抵抗肿瘤病的能力。根据本场情况制订合理的免疫计划，做好其他常见禽病的疫苗免疫工作。

2. 疫苗接种　接种疫苗是预防该病的有效方法。鸡马立克氏病疫苗有两种类型的弱毒疫苗：一种为病毒与细胞结合的疫苗，如 SB1 苗、814 苗，保存条件要求严格，需液氮保存；另一种为病毒脱离细胞的火鸡疱疹病毒疫苗，使用最为广泛，可制成冻干粉，保存和使用较方便，但对马立克氏病强毒株感染的预防效果差。对于本病流行地区应选择二价或多价苗。多价苗免疫效果受母源抗体的影响较小，产生抗体快。一般 5～6 天即可产生免疫力，是目前世界公认的免疫效果较好、应用范围最广的疫苗，但保存条件苛刻，需液氮条件保存。同时在免疫接种过程中做好疫苗的保存、稀释和接种。疫苗要现用现配，稀释后放入盛有冰块的容器中，必须在 1 小时内用完。

推荐免疫程序如下：雏鸡出壳后立即进行肌内或皮下注射免疫，并于 7～10 日龄或 18～21 日龄进行补免。

（二）治疗

本病目前尚无特效药物治疗。发病后及时诊断，立即报告，及时淘汰发病鸡和可疑病鸡。无害化处理病死鸡。利用鸡马立克氏病疫苗对受威胁鸡进行紧急接种，同时在饲料或饮水中添加抗菌药物，防止继发感染。对发病鸡舍、饲养管理用具等进行全面消毒。并定期进行检疫，淘汰病死鸡，逐步净化鸡群。

（李晓霞）

第十八节　禽白血病

禽白血病是指由禽白血病/肉瘤病毒群病毒成员引起的禽类多种肿瘤性疾病的统称，包括淋巴白血病、骨髓细胞瘤、血管瘤等。本病世界各地均有存在，在鸡群中以 A 亚型、B 亚型、J 亚型较为常见，通常在鸡群造成 1‰～2‰ 的死亡率，偶见高达

20％或以上者。该病的亚临床感染会对鸡群的生产性能造成影响，尤其是产蛋和蛋质下降，影响养鸡业的发展。

一、流行特点

鸡是本群所有病毒的自然宿主，雉、鸭、鸽、日本鹌鹑、火鸡和岩鹧鸪也可感染出现肿瘤。不同品种或品系的鸡对病毒感染和肿瘤发生的抵抗力差异很大。病鸡和隐性感染鸡是本病的主要传染源。带毒鸡可通过水平传播（传播率低，需要密切接触）和垂直传播病毒（阳性鸡的病毒经卵传播率为1％～25％，平均5％）。健康鸡通过消化道、呼吸道、可视黏膜及种蛋感染。

二、临床症状

本病的潜伏期较长，出生后自然感染鸡的潜伏期一般在14周龄以上（如在胚胎期感染，部分雏鸡可于1～2周龄时发病死亡），其主要症状为：

（一）血管瘤型

血管瘤常单个发生于皮肤上，有的鸡群病初开始出现在头部、颈部、胸部、翅膀、脚趾部等处，有时肿瘤自溃而流血不止，所流出的血液黏附在破溃血管瘤周围的羽毛上，病鸡无元气，食欲减退，沉郁，排绿便，鸡冠褪色，直至死亡。

（二）内脏肿瘤型

病鸡消瘦，冠髯苍白、萎缩、衰弱，羽毛凌乱，腹部明显膨胀，卧地不起。肝脏和法氏囊肿大，从泄殖腔常可被触及，200日龄左右的母鸡开始出现零星死亡。

（三）骨石化症

2～3 月龄的鸡，跗骨中段开始增生膨大，像穿上"靴子样"，有的似"皮皮虾样"。随着病程的延长，病鸡站立不稳，采食困难，瘦弱而死。

（四）淋巴白血病

鸡冠苍白、皱缩、间或发绀，食欲不振、消瘦和衰弱也很常见。腹部常增大，可触摸到肿大的肝脏、法氏囊或肾脏。蛋鸡和种鸡的产蛋性能下降。

（五）其他肿瘤

结缔组织肿瘤，如纤维瘤、纤维肉瘤、黏液瘤、黏液肉瘤、组织细胞肉瘤等。

三、剖检病变

（一）血管瘤型

内脏血管瘤主要病变在心脏、肝脏、肺脏、卵巢、脾脏、法氏囊等器官表面；有的在腹腔内可见 1～10 毫米大的单发或密发血泡或血凝块；有的患鸡脾脏苍白，上面布满血管瘤；有的在肌胃、肠管、肠系膜上可见密密麻麻的血管瘤。

（二）内脏肿瘤型

内脏多种器官包括心脏、肝脏、肺脏、肾脏、法氏囊、性腺、肠管等形成弥漫性或结节性肿瘤病灶，尤其是在肝脏、脾脏、肾脏和法氏囊的肿瘤较为普遍，而且比正常的体积明显增大数倍，特别是肿大的肝脏能够覆盖整个腹腔。故又简称"大肝病"。各内脏器官的肿瘤表面灰白色光滑，少数见有肿瘤结节病灶。

（三）骨的硬化病

脚和双翼及全身的骨骼都会肿大，管状骨肥大较为明显，此系外骨膜异常性造骨，再被成熟骨添加在外骨膜所致，此时骨髓腔变狭小或消失。

（四）淋巴白血病

淋巴白血病主要病变在肝脏脾脏和法氏囊等器官表面；肾脏、肺脏、性腺、心脏、骨髓、肠系膜也可受害。肿瘤大小不一、可为结节性、粟粒性或弥漫性。肿瘤组织的显微变化呈灶性和多中心。

四、诊断

（一）现场诊断

禽白血病的眼观变化很难与其他肿瘤病相区别。其临床表现和病理变化高度相似，需依靠实验室诊断进行鉴别。

（二）实验室诊断

确诊需要进行实验室诊断，通常采用病毒分离培养、抗原检测、间接免疫荧光（IFA）试验进行确诊。血清学方法的诊断意义不大。

（三）鉴别诊断

与马立克氏病的鉴别：马立克氏病的发生可早至 4 周龄，死亡高峰通常在 10～20 周龄。禽白血病一般 14 周龄之前不发生，而死亡大多数出现在 24～40 周龄。另外，当法氏囊出现明显的灶状或结节性淋巴肿瘤时，可诊断为禽白血病。而自主神经和外周神经麻痹以及虹膜的肉眼病变（"灰眼"）是马立克氏病所特有的。

五、综合性防制措施

（一）预防

预防主要以综合措施为主，种蛋或种鸡应从禽白血病鸡场购入，孵化前应对种蛋严格消毒。在收集种蛋前，对蛋清进行检测，只收集阴性鸡的种蛋进行孵化。1日龄孵化室检测，收集胎粪进行混合检测，阳性鸡的家族不留做种用，商品代雏鸡应从无白血病种鸡场引进。加强鸡舍孵化、育雏等环节的消毒工作，严格、规范空鸡舍清理、冲洗、火焰消毒、喷洒消毒、熏蒸消毒流程，以阻断上下两批鸡相互传播的可能。特别要在育雏期（最少1个月）实行封闭隔离。尽量做到全进全出及专人饲养。

（二）治疗

临床上采取一些对症措施，如在饲料中添加中药清瘟败毒散、饮水用抗病毒西药。添加维生素 C 和维生素 K，可对凝血因子的合成起着重要作用。从育雏做起，加强管理，适时预防性添加抗病毒的中药，提高机体免疫力，能对血管瘤型禽白血病进行有效防控。

（韩雪）

第十九节　传染性法氏囊病

传染性法氏囊病是一种由传染性法氏囊病病毒引起的急性接触性传染病。传染性法氏囊病病毒通过侵害作为重要体液免疫器官的法氏囊，使病禽抗体生成受阻，造成免疫抑制，导致病禽对细菌和其他病毒等致病因子的易感性增加，甚至造成免疫失败。

传染性法氏囊病被形象地称作禽类的艾滋病，具有发病率高、病程短、易出现其他疾病的混合感染等特点，病理变化以法氏囊肿大、肾脏损害为主要特征。

自 1957 年首次暴发于美国特拉华州甘布罗地区以来，传染性法氏囊病从未离开过人们的视线。随着高致病性毒株和变异株的发现，传染性法氏囊病的危害日益加重，防控难度与日俱增。传染性法氏囊病病毒在我国境内最早发现于 1979 年的广州，后来我国 20 多个省市都陆续出现了该病的报道。尽管人们对传染性法氏囊病的了解程度逐步深化，也对该病的科学防控进行了深入探索，但目前该病在我国仍然呈现出流行趋势，严重威胁着家禽养殖业的可持续发展。

一、流行特点

传染性法氏囊病病毒对不同品种的鸡都具有致病性，其中以来航鸡最为易感。火鸡和鸭虽然也能在自然条件下感染，但多数情况下仅作为隐性感染的病毒携带者，不表现出明显的临床症状。传染性法氏囊病的发生无明显的季节性特征，一年四季均可发病。不同日龄的鸡对传染性法氏囊病病毒的敏感程度有明显差异，3～6 周龄的鸡最易发病，而成年鸡由于法氏囊萎缩，其发病率相对较低。传染性法氏囊病是一种接触性传染病，病禽及隐性感染的病毒携带者是本病的主要传染源，污染的饲料、饮水、垫料、用具，以及病鸡舍内的昆虫、老鼠等均可成为传播媒介。目前已明确的传播途径包括消化道、呼吸道、眼结膜以及污染的蛋壳等，但尚未证实是否能够通过产卵进行垂直传播。传染性法氏囊病潜伏期通常仅为 2～3 天，病程约 1 周，感染后 3 天病禽开始大量死亡，4～5 天达到死亡高峰，随后死亡率下降，7～8 天时基本停息，呈现出"一过性"尖峰式死亡曲线。同一鸡场初次暴发本病时常呈现出急性感染的特征，症状明显、死亡率高，再次发病时病势通常较为缓和，常不表现出明显症状，呈现出隐性经过的特点，但可导致严重的免疫抑制。

二、临床症状

传染性法氏囊病急性感染时表现为突然发病，发病早期羽毛逆立、松乱，失去光泽。嘴常插于羽毛内，精神极度委顿，翅膀下垂。在鸡舍墙角处呆立，严重时卧地不动，常伴有畏寒症状。病鸡食欲减退，饮水减少或废绝，部分病鸡饮水相对增加，嗉囊内积液严重，倒提时可见黏液样液体从口中流出。患病初期，病鸡排黄色稀便，后粪便呈现白色或有水样下痢，泄殖腔周围羽毛被粪便污染，部分病鸡有自啄泄殖腔的行为。急性感染者出现症状后 1～2 天即死亡，死前伴有拒食、怕光、震颤、脱水、衰竭等现象。

传染性法氏囊病病毒隐性感染时，耐受雏鸡常出现贫血、消瘦、生长迟缓，并且由于免疫抑制，对多种疫病易感，导致发病率和死亡率急剧上升。

三、剖检病变

法氏囊是传染性法氏囊病病毒侵害的靶器官。在感染初期，法氏囊常出现水肿和充血现象，体积增大到正常的 2～3 倍，外观上变圆、变亮，颜色由淡粉红色变为奶油黄色，浆膜水肿且覆盖有淡黄色胶冻样渗出物，质地变硬变脆。切开囊腔可见囊壁增生，黏膜失去光泽，出现点状、斑状出血点，囊腔中有大量果酱样黏液，或有坏死的干酪样物质或奶油样物质。严重病例可见法氏囊出血或瘀血，外观呈"紫葡萄"样。感染后第 5 天，法氏囊体积开始变小、重量减轻，到第 8 天时重量仅为原来的 1/3 左右。

鸡感染传染性法氏囊病病毒之后，一般观察不到肝脏肿大的现象。肝脏通常呈土黄色，病死后由于肋骨压迹可见红黄相间的条纹并伴有梗死灶。脾脏肿大，表面有弥散性白色坏死灶。偶见腺胃出血，典型病例可观察到腺胃和肌胃交界处有出血带。肾脏肿胀，肾小管和输尿管中常见灰白色的尿酸盐沉积，呈现"花斑样"。部分重症病例可见腿部及胸肌有出血条纹或出血斑。

近年来，随着变异株的层出不穷，IBD 的临床症状及病理变化越来越不典型，像腺胃与肌胃交界处的出血带，腿部、胸肌出血条纹等原先较为典型的病变特征在临床上越来越少见了。

四、诊断

(一) 现场诊断

在疑似发病的鸡场可根据病症的流行特点、临床症状和病理剖检变化作出初步诊断，但进一步确诊则需要通过病毒分离和血清学等方法进行。

(二) 实验室诊断

1. *病毒分离培养*　由于法氏囊是传染性法氏囊病病毒侵害的靶器官，且病毒在法氏囊中以高浓度存在的时间比其他组织更长，故法氏囊是最常用的分离传染性法氏囊病病毒的器官。取病鸡的法氏囊，研碎后加入适量生理盐水制成混悬液，每分钟3 000转离心 15 分钟，取上清，加入适当的抗生素；反复冻融 3 次或置于 4℃过夜后，于每分钟离心 4 000 转共离心 15 分钟；取 200 微升上清液以绒毛尿囊膜途径接种到 10～12 日龄的 SPF 鸡胚中，37℃培养 4～5 天。受感染鸡胚在 3～5 天内死亡，绒毛尿囊膜水肿增厚，胚体全身水肿、充血，颈部、腹部尤其明显。

2. *雏鸡接种试验*　取病鸡的法氏囊适当研磨后，以生理盐水稀释制备成浓度约 20%（体积/体积）的混悬液。每分钟离心

1 000 转离心 10 分钟后，取上清以饮水、滴鼻或点眼等方式，按每只鸡 0.5~1 毫升接种到 3~7 周龄的 SPF 雏鸡，接种后第 4 天扑杀检查病变情况。或者取 0.5 毫升上清，经滴鼻途径感染 21~25 日龄的 SPF 雏鸡，观察 15 天后，通过典型临床症状与扑杀剖检相结合的方法进行诊断。

3. **血清学及分子生物学检测**　血清学及分子生物学技术为传染性法氏囊病的进一步确诊提供了有力的技术支撑，这些方法以特异性强、阳性检出率高等优点而备受青睐。RT - PCR 和荧光抗体检测技术（FAT）速度快、特异性好、灵敏度高；琼脂扩散试验（AGP）可呈现出肉眼可见的沉淀反应，操作简便、一目了然；病毒中和试验是目前唯一能区分不同血清型的试验方法，能够对病毒进行定量分析，具有很高的实用价值。此外，ELISA、对流免疫电泳试验（CIET）等也是常用于检测传染性法氏囊病病毒的试验方法。

在临床诊断过程中，应充分重视与新城疫、鸡球虫病、传染性支气管炎、网状内皮组织增生症、大肠杆菌病等疫病的鉴别诊断，谨防误诊。

五、综合性防制措施

传染性法氏囊病病毒对低温、紫外线、超声波等物理刺激，以及乙醚、氯仿等化学试剂都具有很强的抵抗能力，再加上其传播途径广泛，需制订综合性措施加强防控。

（一）预防

1. **加强管理**　加强饲养管理，完善管理制度是预防传染性法氏囊病的关键，要克服完全依靠疫苗注射达到预防目的的片面想法。一是要尽可能做到生产各阶段的全进全出，避免混群饲养，减少鸡群间的交叉感染。二是减少对鸡群的刺激，避免饲喂霉变饲料、饮用不洁净的水，适当通风换气提高舍内空气质量，保持适宜舍温，避免环境温度的骤然变化。三是合理配备日粮，提高鸡群营养水平，增强鸡群的自然抵抗力。四是制订科学的消毒程序和严格的消毒制度，养成良好的卫生习惯，保证鸡舍环境的清洁卫生。

2. 免疫接种 目前实际应用的疫苗有灭活疫苗和活疫苗两类。灭活疫苗一般用于活疫苗免疫后的加强免疫，因其不受母源抗体干扰，可有效增强基础免疫效果。弱毒活疫苗（如美国的 LKT、荷兰的 D_{78}、法国的 S_{706} 等）虽然安全性较高，但易受母源抗体的干扰，免疫效果欠佳。中等毒力的活疫苗（如美国的 Lukert、德国的 TAD‐CUIM、国产 BJ_{636} 等），虽然对法氏囊有轻度可逆性损伤，但抗体生成速度较快，无论对母源抗体水平较高还是较低的雏鸡都具有良好的效果，加强免疫后可获得较好的免疫保护力。近年来，多价疫苗以其安全有效、使用方便、应用广泛等优点而备受推崇，以亚单位疫苗为代表的新型疫苗也崭露头角。

在确定疫苗种类后，还需根据流行病学、饲养条件、疫苗毒力、母源抗体水平等因素制订详细、科学的免疫程序，确定最佳免疫时间。在实际操作过程中，通常先进行活疫苗免疫，再用灭活疫苗进行加强免疫。弱毒活疫苗和中等毒力活疫苗的接种时间通常为 7 日龄到 2～3 周龄，若在 1 日龄时免疫，可与马立克氏病疫苗同时接种。如果母源抗体水平较高，可不必对雏鸡进行免疫，但是对后备种鸡必须进行激发免疫。有条件的鸡场可采用 AGP 的方法对种鸡群及其后代进行抗体水平监测，为确定免疫时机提供参考。

（二）治疗

目前已有关于使用抗血清、高免卵黄抗体和中草药方剂进行治疗的报道，但尚未发现能够逆转传染性法氏囊病病毒感染过程的治疗方法。

（杨卫铮）

第二十节　禽脑脊髓炎

禽脑脊髓炎是由禽传染性脑脊髓炎病毒引起的一种主要侵害幼禽神经系统的急性、高度接触性传染病。其特征是：共济失调和快速震颤，特别是头、颈部的震颤，又称"流行性震颤"。本病主要侵害幼禽，3周龄以内的幼禽易感性最高。该病呈全球分布，传播迅速，既可通过直接接触进行水平传播，也可经卵进行垂直传播。

一、流行特点

雏鸡、雉鸡、鹌鹑和火鸡是本病的主要宿主。各品种和日龄的鸡均可感染，但以3周龄以内的鸡最易感。感染后发病率为20%～60%，死亡率为25%左右。成年鸡感染后仅表现产蛋下降，一般产蛋下降16%～43%，有的可达60%以上。带毒鸡和隐性带毒鸡为本病的主要传染源。传播途径主要是经消化道，污染的垫料、饮水等也可传播病毒，垂直传播在病毒的传播中起很重要的作用。本病的发生无明显的季节性，一年四季均可发生。

二、临床症状

禽脑脊髓炎引起疫病的潜伏期经胚感染的雏鸡为1～7天，经接触传播和口服感染的雏鸡的潜伏期为11天以上。

雏鸡出壳后1～2周后才表现症状，病鸡早期表现为目光呆滞，接着出现共济失调，在强迫雏鸡运动时表现最明显。共济失调加重时雏鸡出现斜坐在脚踝，翅膀和尾巴也震颤。反应迟钝，呆滞显著时伴有衰弱的叫声。头颈震颤，刺激或骚扰可引起震颤，持续时间长短不一，呈间歇性发作。有些病例仅出现震颤。最后由于共济失调不能走动、摄食、饮水等衰竭死亡。成年鸡感染后无明显临床症状，仅表现为产蛋下降。

三、剖检病变

本病剖检后唯一的眼观病变是雏鸡的肌胃有带白色区域，它是由大量的淋巴细胞浸润引起的。成年禽感染后，除晶体浑浊外，其他脏器无明显变化。

四、诊断

（一）现场诊断

通过了解流行病学、观察临床症状和剖检病变，可以作出初步诊断。

（二）实验室诊断

采集发病禽的脑、胰脏及可见病变的组织器官接种5～7日龄的 SPF 鸡胚进行分离，经卵黄囊进行接种，接种后10～12天打开鸡胚观察有无禽脑脊髓炎病毒所致的典型病变，如检查胚脑有无充血、水肿等变化。除病毒的分离外，还必须通过电镜观察、免疫荧光、琼脂扩散试验、反转录-聚合酶链反应（RT-PCR）或酶联免疫吸附试验才能确诊。

（三）鉴别诊断

禽脑脊髓炎是鸡场一种常见疫病，在临床上应注意与相似临床症状的新城疫、马立克氏病、维生素 E 缺乏等进行鉴别诊断。

五、综合性防制措施

(一) 预防

1. **综合性措施**　加强孵化期间的管理。本病主要传播方式是垂直传播，种蛋的管理和孵化期间的管理尤其重要。刚引进的种蛋或孵化前要对种蛋用甲醛进行熏蒸消毒，孵化结束后用具、孵化场所要进行彻底消毒。如果出壳后的雏鸡发生该病，应立即停止孵化。

加强饲养管理。执行严格的隔离措施，采取全进全出的饲养模式。对新引进的种鸡在混群前要进行检疫和隔离。定期对饲养管理用具和禽舍进行消毒。保持合理的饲养密度，避免禽群过挤，注意防寒保暖，避免过冷、过热。适当补充维生素、矿物质等，提高机体的免疫能力。

2. **疫苗接种**　目前我国主要有弱毒疫苗和灭活苗。弱毒疫苗主要用于 8 周龄后及产蛋前 4 周的种母鸡，可经饮水、滴鼻、点眼进行免疫。灭活苗在开产前 1 个月进行肌内注射免疫，也可用于产蛋鸡群。在本病的高发区也可将两种疫苗联合使用，在 10～12 周龄时先接种弱毒苗，开产前 1 个月再接种灭活疫苗。

(二) 治疗

本病尚无有效的治疗措施。做到早发现，早隔离，早治疗。发病后，及时确诊。淘汰或隔离发病鸡和可疑鸡。发病禽舍、饲养管理用具要进行全面消毒。粪尿及垫草等污物，堆积发酵后作肥料利用。无害化处理病死禽。发病 1 个月内产的蛋不能作为种蛋。

（李晓霞）

第二十一节 产蛋下降综合征

鸡产蛋下降综合征是由Ⅲ亚群禽腺病毒引起的一种传染病。该病特征是产蛋鸡产蛋率下降，产变色蛋、薄壳蛋、无壳蛋及异常蛋，而鸡健康。自从首次报道以来，鸡产蛋下降综合征已经变成了世界范围引起产蛋量下降的一个主要原因。

一、流行特点

传染源为病鸡和带毒鸡，自然宿主可能是鸭和鹅。珍珠鸡和鹌鹑也可感染。病毒主要是通过鸡胚和精液垂直传播，也可通过粪便污染饮水、饲料等水平传播。所有年龄的鸡都易感。如果鸡产蛋下降综合征病毒进入一个鸡场，则所有日龄的开产母鸡都可能出现产蛋问题。但从外表看，主要在产蛋高峰前后发病。

二、临床症状

潜伏期一般7～9天。最初的症状是有色蛋的色泽消失，紧接着产薄壳蛋、软壳蛋或无壳蛋。薄壳蛋经常是壳质粗糙，像沙子样，或是蛋的一端壳上有粗颗粒。如果弃掉有明显异常的蛋，对受精率和孵化率没有影响，并对蛋的质量不会形成长期影响。如果鸡在产蛋后期受到感染，鸡群施行强制换羽后似乎可以使产蛋恢复到正常。产蛋量下降迅速或者持续几周，鸡产蛋下降综合征暴发一般持续4～10周，产蛋可能减少40％，但在产蛋上通常存在后期补偿作用，这样总的产蛋损失数量一般为每只鸡10～16枚。如果由于潜伏的病毒被激活而发病，产蛋下降通常是在产蛋率达50％与高峰期之间出现。

三、剖检病变

本病无特征性病变，仅能发现的病变常常是卵巢静止不发育和输卵管萎缩。有时会出现子宫水肿以及在蛋壳分泌腺处有渗出液，或出现脾脏轻度肿胀，卵泡无弹性，在腹腔中会有各种发育阶段的卵。

四、诊断

（一）现场诊断

通过临床症状和病理变化可作出初步诊断，确诊需要进行实验室诊断。

（二）实验室诊断

1. **病毒分离与鉴定**　分离病毒最敏感系统是来自非鸡产蛋下降综合征病毒感染的鸭胚或鹅胚，或者是鸭或鹅的细胞系，如果没有则可用鸡细胞。鸡胚肝细胞比鸡肾细胞更易感，而鸡胚成纤维细胞不易感。鸡胚不适用。

2. **血清学检测**　血凝抑制试验（HI）是血清学诊断首选方法之一。在试验感染后 5 天，用间接荧光抗体试验（IFA）、酶联免疫吸附试验（ELISA）、中和试验（SN）和 HI 试验可检测到抗体。在感染后 7 天时，用双向免疫扩散试验（DID）能够检查到抗体，抗体水平在 4～5 周达到高峰。HI、ELISA、SN、DID 和 IFA 试验的敏感性相似。

（三）鉴别诊断

每当不能达到预定的产蛋水平或出现生产下降，尤其是在鸡很健康而先发生蛋壳变化，或产蛋量下降同时发生蛋壳变化，就应怀疑是鸡产蛋下降综合征。

五、综合性防制措施

(一) 预防

1. 综合性措施　由于鸡产蛋下降综合征主要是经蛋垂直传播，因此应从非感染鸡群引种。地方流行性鸡产蛋下降综合征经常与公用包装场有关，在此污染的蛋盘是造成传播的主要因素。病毒也存在于粪便中，且具有较强的抵抗力，有可能造成水平传播。有证据表明人员和运输工具可造成传染，因此要求采用合理的卫生预防措施。

感染的鸡可形成病毒血症，采血和注射疫苗用的注射器及其他器械在使用中要消毒。

如在同一种鸡场有感染和非感染种鸡群，应将孵化室、工作人员和运输工具分开。如果做不到，应使用单独的蛋盘和出雏器，并将孵化时间错开。最低要求（当然这不是推荐措施）是要将出雏器、雌雄鉴别和免疫注射分开，先清洁健康鸡群，在此之前不要对潜伏感染的雏鸡做任何事情。尤其重要的是将原种或祖代的感染和非感染种群分开，它们所产的蛋不要在同一孵化室孵化。

2. 疫苗接种　在有可能存在垂直或水平传播的鸡场，受威胁的鸡群通过在育成期免疫接种可获得保护。一种油佐剂灭活苗被广泛使用并对临床疾病有良好的保护作用。鸡在 14～16 周龄进行免疫，非感染鸡群免疫后的 HI 抗体效价可达 8～9log2。如果鸡群以前曾感染过鸡产蛋下降综合征病毒，效价能达到 12～14log2。免疫后第 7 天能检测到 HI 抗体，第 2～5 周时抗体达到峰值。免疫力至少持续 1 年。免疫不当的鸡 HI 滴度不高，当攻击病毒时出现排毒；而免疫适当的鸡既可抵抗感染，也不排毒。

（二）治疗

本病无有效的治疗方案，必须采取综合性措施加以防控。

净化程序是在 40 周龄以上原种和祖代鸡群中进行。在这时鸡已开始产异常蛋并有了 HI 抗体。将这些种蛋孵出的雏鸡分成小组，每组大约 100 个（用铁丝网隔开），间隔大约 6 周，对 10%～25% 的鸡进行 HI 试验，如出现 1～2 只反应，则将其去除。此栏及相邻栏的鸡以后间隔 1 周 100% 检验两次。如发现有 HI 阳性或反阳性鸡就在同一栏内，整个栏的鸡都要去掉，并对相邻栏进行重检。40 周龄时，利用 HI 试验对全部鸡进行检验，选择鸡蛋作为下一世代的种蛋。

（原霖　倪建强）

第二十二节　鸭　　瘟

鸭瘟又称鸭病毒性肠炎，是由疱疹病毒Ⅰ型引起的鸭、鹅和天鹅的一种急性、热性、败血性、接触性传染病，其特征是血管损伤、组织出血、消化道黏膜糜烂、淋巴器官损伤、实质器官退行性病变。

一、流行特点

自然易感宿主仅限于雁形目鸭科成员（鸭、鹅和天鹅），不同品种、日龄的鸭均可感染。鸭瘟的传染源主要是病鸭、带毒鸭和潜伏感染鸭。易感鸭与感染鸭直接接触可以传染鸭瘟，接触被污染的环境（水、栏舍、饲料、用具等）也可以间接传染。病毒存在于病禽的分泌物和排泄物中。自然条件下多种途径可引起发病，包括消化道、眼、鼻、及泄殖腔等。因为水禽往往在水中采食、饮水和栖居，所以水是病毒从感染禽传播到易感禽的自然媒介。吸血昆虫也是本病的传播媒介。本病一年四季均可发生。

二、临床症状

自然感染的潜伏期一般为 2～5 天。患病鸭特征性的临床症状为高热稽留（43℃以上），眼周围羽毛沾湿，流泪，部分鸭头颈部肿胀（俗称"大头瘟"），出现畏光、眼半闭、眼睑粘连、食欲丧失、极度口渴、头颈低垂、运动失调、羽毛松乱、流鼻液、泄殖腔黏糊、水样下痢。感染鸭不能站立、双翅扑地、头下垂，表明病鸭虚弱、精神沉郁，驱赶病鸭可见其头、颈和身体震颤。2～7 周龄商品雏鸭表现脱水、消瘦、喙发蓝、结膜炎、流泪、鼻腔有渗出物和泄殖腔周围血染。公鸭有时可见阴茎脱垂。

三、剖检病变

剖检可见败血性病变，包括血管损伤、胃肠道黏膜特定部位糜烂、淋巴器官病变及实质性器官的退行性变化。综合这些病变，即可诊断为 DVE。

心肌和其他内脏器官及其肠系膜和浆膜等支持结构有出血点、出血斑或更大范围的血液外渗现象。心外膜，特别是在冠状沟有密集的出血点，使其表面呈红色"漆刷样"。

肝脏、胰腺、肠道、肺脏和肾脏表面有出血斑，产蛋鸭卵泡变形、变色并有出血，卵巢的大量出血可充入腹腔。肠腔和肌胃中有出血。食道-腺胃括约肌出现出血环。

口腔、食道、盲肠、直肠和泄殖腔等消化道黏膜有特异性的病变。各种病变在疾病发展过程中呈进行性变化。首先是表面出现出血斑，之后被隆起的痂块覆盖。接着这种病变聚集形成绿色的表面痂块。出现大量的病斑时，小的病变可发生融合，形成一片白喉样假膜。泄殖腔病斑密布。病初整个黏膜发红，随后斑状凸起变绿，在泄殖腔形成一连续的鳞片样带。

所有淋巴器官均受到侵害。脾脏大小正常或变小，色深并呈斑驳状。胸腺表面和切面有多处出血斑和黄色病变区，胸腺周围有清亮的黄色液体。

切开法氏囊，在极度发红的表面可见有针尖大小的黄色斑点。随后法氏囊壁变薄，颜色变深，囊腔内充满凝固性渗出物。肠道内外面均可见到深红色的环。

雏鸭出血不明显，而淋巴组织的病变较突出。法氏囊和胸腺自然退化的成年鸭以组织出血和生殖道病变为主。

四、诊断

（一）现场诊断

结合该病流行病学特点、特征性的剖检病变可作出初步诊断，确诊有赖于实验室诊断。

（二）实验室诊断

1. **病毒分离与鉴定** 虽然根据大体和组织学病变可作出初步诊断，但即使没有典型的病变，分离和鉴定的鸭瘟病毒也可以确诊。用于病毒分离的病料应采自肝脏、脾脏、法氏囊、肾脏和泄殖腔。初代病毒分离应接种易感的 1 日龄番鸭或北京鸭，也可经绒毛尿囊膜接种 9～14 日龄鸭胚。病毒可以在北京鸭胚或番鸭胚成纤维细胞、肝细胞和肾细胞上传代。用已知抗血清中和分离株可以确诊。

2. **分子生物学检测** PCR 方法可对感染组织或细胞培养物中鸭瘟的 DNA 进行快速检测。

3. **血清学检测** 病原的检测方法有乳胶凝集试验、鸭胚接种、病毒中和试验和免疫荧光试验。检测抗体的方法包括使用鸭胚成纤维细胞培养进行微量中和试验、反向被动血凝试验和酶联免疫吸附试验（ELISA）。

（三）鉴别诊断

应注意与雁形目动物其他出血坏死性疾病相区别，家鸭中出现这类病变的疾病有鸭病毒性肝炎、巴氏杆菌病、坏死性肠炎、球虫病和某些特异性中毒。也报道过雁形目的新城疫、禽痘和鸡瘟也出现类似的病变，但这些疾病并不常见。

五、综合性防制措施

（一）预防

1. **综合性措施** 预防措施是保护易感禽的饲养环境不受病毒感染。这些措施包括从非感染区引种，避免与污染材料直接或间接接触。防止自由飞翔的雁形目动物将疾病带入饲养群或污染水环境。应采取一切措施防止水流散毒。当 DVE 传入后，采取捕杀、从污染环境中转出以及环境清洁消毒等措施，并对所有易感雏鸭进行免疫接种。

2. **疫苗接种** 免疫接种是预防和控制鸭瘟的主要措施。目前国内应用的疫苗主要是鸭瘟病毒弱毒疫苗。肉用鸭于 7 日龄左右首免，20～25 日龄二免。种用鸭和蛋鸭 30 日龄左右首免，以后每隔 4～5 个月加强免疫一次。3 月龄以上鸭免疫一次即可，有效期可达 1 年。

（二）治疗

对鸭瘟感染无特异性疗法，免疫接种已作为预防和控制该病的措施。在疫病暴发时可使用疫苗，因为可产生干扰现象，所以免疫接种后很快就可以产生保护作用。

（原霖）

第二十三节　鸭病毒性肝炎

　　鸭病毒性肝炎简称鸭肝炎，是一种传播迅速并对雏鸭具有高度致死性的病毒病，其特征是肝炎、肝脏肿大、表面呈斑点样出血以及临床出现明显神经症状。该病主要侵害6周龄以内雏鸭，尤其是2日龄至3周龄雏鸭最为易感，成年鸭抵抗力较强。不同日龄雏鸭发病后，死亡率有所不同，有的高达100%，有的则低于15%。耐过的鸭成为僵鸭，生长和发育受阻。鸭病毒性肝炎一年四季均可发生，对养殖业造成巨大的经济损失。世界动物卫生组织将该病例为必须报告的动物疫病，我国将其列为二类动物疫病。

　　鸭病毒性肝炎可由三种不同类型的病毒引起，分别是Ⅰ型、Ⅱ型和Ⅲ型鸭肝炎病毒。Ⅰ型鸭肝炎病毒属于小RNA病毒科，目前流行最为广泛，且危害最为严重。Ⅱ型和Ⅲ型鸭肝炎病毒属于星状病毒科。三型之间无抗原相关性，无交叉保护和交叉中和作用，与人肝炎病毒、鸭乙型肝炎病毒（属嗜肝病毒科）和犬传染性肝炎病毒无抗原相关性。我国目前以Ⅰ型鸭肝炎病毒流行为主，也有零星Ⅱ型鸭肝炎病毒散发的报道。

一、流行特点

　　Ⅰ型鸭肝炎自然病例仅发生于雏鸭，成年种鸭即使在污染的圈舍中也无临床症状，且产蛋正常。该病毒在易感雏鸭群中传播很快，具有很强的接触传染性，可经消化道和呼吸道进行传播，但不能经蛋传播。康复鸭到感染后8周仍可从粪便排毒。

二、临床症状

　　Ⅰ型鸭肝炎病毒所引起的鸭肝炎潜伏期为1～2天，流行过程短促，一旦发生，发病率急剧上升，短期内即可达到高峰，死亡常在 3～5 天内发生。感染雏鸭首先表现为跟不上群，精神委顿，废食，短时间内就停止运动，蹲伏，眼半闭呈昏睡状，不久即出现神经症状，运动失调，身体倒向一侧，两脚痉挛踢动，死前头向背部扭曲，呈角弓反张状态，并于出现此症状后几小时或十几分钟死亡。Ⅱ型和Ⅲ型鸭肝炎的临床症状与Ⅰ型相似。

三、剖检病变

剖检的主要病变在肝脏，表现为肿大、苍白，表面有大小不等的出血斑或出血点；多数病例肾脏肿胀，瘀血呈灰暗色；脾脏有时肿大呈斑驳状；胆囊肿胀呈长卵圆形，内充满胆汁。其他脏器无明显眼观变化。最急性死亡的雏鸭可能无任何明显病变。

四、诊断

（一）现场诊断

通过了解流行病学、观察临床症状和剖检病变，可以作出初步诊断。

（二）实验室诊断

确诊需要进行实验室诊断。除采用病毒分离的方法以外，中和试验是检测鸭病毒性肝炎的经典方法，但并不太适用于诊断Ⅰ型鸭肝炎病毒的急性感染。随着病毒全基因组序列的破译，分子生物学技术在该病的检测方面得到广泛的应用，通常利用RTPCR检测肝脏组织来进行确诊。

（三）鉴别诊断

Ⅰ型鸭肝炎发病突然、传播快、病程急，3 周龄以下雏鸭肝脏出血具有实际诊断意义。虽然雏鸭群中罕有其他常见的鸭的致死性疫病,但也应注意与黄曲霉毒素中毒进行鉴别诊断。后者虽可引起抽搐和角弓反张,但不引起肝脏出血。

五、综合性防制措施

(一) 预防

1. **综合性措施**　加强饲养管理,严格实施消毒、隔离饲养等措施,特别是雏鸭在最初4～5周龄应坚持隔离饲养。每批鸭苗进入鸭舍前需用火碱水喷洒鸭舍消毒,实行专人管理,禁止无关人员进入或接近鸭舍。淘汰的病重鸭与死鸭需进行焚烧或在远离水源的地方作深埋处理,污染的垫料、粪便和饲料用具等未经消毒不能随便运出场外,以防发生外源感染。上述措施可有效防止鸭病毒性肝炎的发生。

2. **疫苗接种**　通常采用以下两种免疫途径以使雏鸭产生抗Ⅰ型鸭病毒性肝炎的抵抗力:一是免疫种鸭以保证后代雏鸭获得高水平的被动免疫抗体;二是雏鸭直接采用Ⅰ型鸭病毒性肝炎弱毒苗进行主动免疫。

(二) 治疗

鸭病毒性肝炎至今仍无有效治疗药物,高免蛋黄液、高免血清或康复鸭血清可用于病鸭的早期治疗或被动免疫。

(刘洋)

第二十四节　小　鹅　瘟

小鹅瘟俗称鹅流感、鹅肠炎、鹅肝炎、传染性心肌炎、腹水性肾炎等,是由鹅细小病毒引起的一种侵害幼鹅和番鸭的高度接触性传染病。其特征是:脚软、腹泻、呼吸困难和渗出性肠炎,仅感染鹅和番鸭，其他禽类或哺乳动物不易感。本病主要通过直接接触或间接接触传播。消化道是主要的感染途径，且可垂直传播。本病与日龄大小有相关性，日龄越小越易感，其中1周龄以内的雏鹅发病率和死亡率可达100%，4～5周龄感染后发病率和死亡率明显降低。小鹅瘟为我国的二类动物疫病。

一、流行特点

该病呈世界分布，鹅和番鸭是本病的唯一宿主。患病禽类是主要的传染源，其次是康复或隐性带毒的禽类。病鹅的粪便和分泌物，以及污染的饲料和饮水都可散播病毒。雏鹅的易感性随日龄增长而减弱。本病一年四季均可发生，以冬春寒冷季节多发。呈地方流行。本病的暴发与流行有一定的周期性，在大流行后的一两年内都不会再次流行。

二、临床症状

小鹅瘟引起疾病的潜伏期与日龄有关，1日龄雏鹅试验感染后3～5天出现临床症状，2～3周龄的潜伏期为5～10天。临床症状随感染禽日龄的不同而不同。1周龄以内的雏鹅常最急性发作，发病快，无明显临床症状，2～5天内出现厌食、衰竭和死亡。急性型多发生于日龄较大的鹅，感染后病程较长，首先表现为厌食、饮欲增加、不愿走动；鼻分泌物增多，甩头；排白色或黄色稀便，并混有气泡或伪膜。临死前出现头颈扭转、全身抽搐或瘫痪等神经症状。亚急性多发于15日龄以上雏鹅，症状较轻微，表现为精神沉郁、食欲下降、腹泻和消瘦等，病程可持续3～7天，耐过鹅表现严重的生长停滞、背部和颈部羽毛脱落，裸露的皮肤呈红色。病鹅的腹腔可能有积水而呈"企鹅样"姿势站立。

三、剖检病变

本病特征性病变是空肠和回肠的急性卡他性-纤维素性坏死性肠炎，整片肠黏膜坏死、脱落。与凝固的纤维素性渗出物形成栓子或伪膜，堵塞肠腔，常发生在小肠中段或后段，特别是靠近回盲部的肠段，外观膨大如香肠，此变化常见于亚急性的病例。最急性病例除肠道有卡他性炎症外，其他脏器无明显病理变化。急性病例常表现败血症变化，全身脱水，皮下组织显著充血；心脏的心尖周围有特征性心肌苍白，肝脏、脾脏和胰脏充血、肿大。

四、诊断

（一）现场诊断

通过了解流行病学、观察临床症状和剖检病变，可以作出初步诊断。

（二）实验室诊断

采集发病禽的心脏、肝脏、脾脏、肾脏等组织器官接种10～15日龄的鹅胚或鸭胚进行分离，或者利用鹅胚或番鸭胚原代细胞进行分离。接种5～10天后胚胎出现死亡，死亡胚胎出血，肝脏为黄色。除病毒的分离外，还必须通过中和试验、琼脂扩散试验、PCR、ELISA、免疫组化、核酸分析或电子显微镜检查才能确诊。

（三）鉴别诊断

小鹅瘟是鸡场一种常见疫病，在临床上应注意与鹅瘟、鹅出血性肾炎肠炎等进行鉴别诊断。小鹅瘟具有很明显的年龄相关性，剖检后可见肠腔出现纤维素性坏死性渗出物形成的栓子，此特征可以与其他疫相区别。

五、综合性防制措施

（一）预防

1. **综合性措施** 加强种鹅的饲养管理。定期对饲养管理用具和禽舍进行消毒。保持合理的饲养密度，避免禽群过挤。注意防寒保暖，避免过冷、过热。适当补充维生素、矿物质等，提高机体的免疫能力。要执行严格的隔离措施，新引进的种鹅或番鸭在混群前要进行检疫和隔离。

加强孵化期间的管理。本病主要通过孵化过程进行传播，引进的种蛋或孵化前要对种蛋用甲醛进行熏蒸消毒，孵化结束后对用具、孵化场所要进行彻底消毒。如果出壳后 3～5 的雏鹅发生该病，应立即停止孵化。

2. **疫苗接种** 目前我国取得生产文号的小鹅瘟疫苗主要有三种，SYG26 - 35 株和 GD 株用于种鹅免疫，SYG41 - 50 株用于雏鹅免疫。这三种疫苗均为活疫苗，母鹅在产蛋前 1 个月进行免疫注射。SYG41 - 50 株疫苗适用于种鹅未经免疫或种鹅免疫时间较长的后代雏鹅，雏鹅出壳后 48 小时以内皮下注射 1 羽份。

（二）治疗

发病后，及时确诊；发病禽和可疑禽要隔离饲养；发病禽舍、用具进行全面消毒；无害化处理病死禽；对全群采取高免血清进行治疗。

（李晓霞）

第二十五节 鸡传染性贫血

鸡传染性贫血病是由传染性贫血病病毒引起的传染病，本病以再生障碍性贫血和全身淋巴组织萎缩造成免疫抑制为特征。本病曾被称为蓝翅病、出血性综合征、贫血综合征、出血性贫血病、出血性皮炎综合征。

一、流行特点

鸡是传染性贫血病毒的唯一宿主。自然感染多见于2～4周龄鸡，混合感染多见于6周龄以上鸡。不同品种、年龄的鸡都可感染，肉鸡比蛋鸡敏感，公鸡比母鸡敏感，随日龄增长敏感性明显下降。有母源抗体的鸡能感染，但不出现症状。主要经病鸡和带毒鸡垂直传播，感染后8～42天所产蛋孵出的雏鸡即可发病和死亡。本病也可通过消化道、呼吸道水平传播，另一途径可能是通过污染的疫苗传播。

二、临床症状

特征性症状为贫血。雏鸡感染后10天发病，病鸡表现精神沉郁，虚弱，行动迟缓，羽毛松乱，喙、肉髯、面部和可视黏膜苍白，皮肤或皮下出血，生长不良，发育受阻（感染后10～20天最严重）。临死前腹泻，血液稀薄如水，红细胞压积下降至20％以下（正常在30％以上）。20～28天后存活鸡可逐渐康复。死亡率10％～60％。成年鸡感染后，不表现明显的临床症状，产蛋、受精、孵化均不受影响，但可经卵传播病毒。

三、剖检病变

全身性贫血、消瘦，肌肉、肾脏肿大，褪色或淡黄包，上有点状出血、凝血时间延长。胸腺萎缩，充血，呈深红褐色，严重时完全退化。骨髓萎缩呈脂肪样，黄色、淡黄色、淡黄红色或淡红色，导致再生障碍性贫血。骨骼肌、皮下、腺胃出血，法氏囊萎缩，肝肿大、发黄、有坏死斑点。继发细菌感染时，可见坏疽性皮炎。

四、诊断

（一）现场诊断

根据临床症状和病理剖检可作初步诊断。发病特点为 $2\sim3$ 周龄鸡最易感，以贫血为主要特征。骨髓呈脂肪样黄色，胸腺萎缩。红细胞数、白细胞数明显减少，红细胞压积值在 20% 以下。进一步确诊可进行病原分离鉴定和血清学检测。

（二）实验室诊断

实验室诊断有：病毒分离，血清学（中和试验、间接免疫荧光、ELISA），PCR 方法，DNA 探针。

（三）鉴别诊断

要与传染性法氏囊炎、马立克氏病、鸡球虫病、腺病毒感染、成红细胞引起的贫血，以及黄曲霉毒素中毒、磺胺药物中毒等导致再生障碍性贫血的疾病相鉴别。

五、综合性防制措施

重视饲养管理和检疫，严禁引入感染病毒的种蛋，防止从外引进带毒鸡将本病传入健康鸡群。做好传染性法氏囊炎、马立克氏病等免疫抑制病的免疫可降低鸡群对本病的易感性。本病尚无有效的防治办法，发病时可用环丙沙星或氨苄西林等广谱抗菌药防止继发感染。

（誉占超）

第二十六节　网状内皮组织增殖症

网状内皮组织增殖症又名网状内皮组织增殖病，是网状内皮组织增殖病毒引起某些禽类的一组病理综合征。这些综合征包括：①矮小综合征；②淋巴组织及其他组织慢性肿瘤；③急性网状细胞瘤。感染虽然普遍存在，但疾病症状不明显。我国 2008 年修订的《一、二、三类动物疫病病种名录》将本病列为二类动物疫病。

网状内质组织增殖症病毒感染虽然很普遍，但该病在鸡群中的自然感染率和发病率不高。但若接种污染有该病毒的疫苗，则可造成大量发病，并继发其他疾病而死亡。给雏鸡接种网状内质组织增殖症病毒污染的疫苗，引发的矮小综合征或慢性肿瘤病会导致巨大的经济损失。但是，这样的情况比较少见，根据临床报道鸡和火鸡的经济损失很少。血清阳性鸡群的后代已被禁止出口到某些国家，给养殖户带来一定的经济损失。也会给某些疫苗公司、生产 SPF 鸡群和一些必须进行 REV 污染常规检测的产品的生产商带来巨大的经济损失。

一、流行特点

网状内皮组织增殖症病毒呈世界性分布，火鸡、鸡、鸭、鹅、雉、日本鹌鹑、孔雀和草原鸡是该病毒的自然宿主。矮小综合征包含一系列非肿瘤性疾病过程，早在感染 3 天后，鸡就出现法氏囊和胸腺萎缩。感染鸡在 6 日龄时出现消瘦，并持续终身。接种 REV 后第 2 周，鸡出现神经组织学病变，并且免疫应答降低。在中等或长时间潜伏期后，可出现慢性肿瘤性反应。对于急性网状细胞肿瘤，潜伏期可缩短至 3 天，但病禽经常在接种后6～21 天出现死亡。REV 既可水平传播也可垂直传播，水平传播有直接接触和经媒介昆虫传播两种途径。带毒禽的分泌物、排泄物、羽毛以及感染网状内质组织增殖症病毒的种蛋为传播来源。

二、临床症状

临床症状上可分为矮小综合征型、慢性淋巴瘤型和急性网状细胞瘤型。

（一）矮小综合征型

发生矮小综合征的鸡可能会明显发育受阻、外观苍白（贫血），体型矮小。有的羽毛发育异常，赤羽羽枝黏附在羽轴上，称为"Nakanuke"。禽类即使有肉眼可见的神经病变，也很少出现跛行和麻痹。鸡很少出现死亡，但对于商品鸡群，感染鸡经常在死前就被淘汰。

（二）慢性淋巴瘤型

包括鸡法氏囊型淋巴瘤、鸡非法氏囊型淋巴瘤、火鸡淋巴瘤及其他淋巴瘤。出现慢性淋巴瘤的鸡在死亡前出现精神抑郁，但很少出现特异性的临床症状。

（三）急性网状细胞瘤型

由 REV-T 株引起。潜伏期最短为 3 天，人工接种后 6～21 天鸡迅速死亡。由于死亡较快，因此少有临床症状出现，新生雏鸡或火鸡死亡率可达 100％。

三、剖检病变

（一）矮小综合征型

剖检可见胸腺、法氏囊发育不全或萎缩。前胃、肠发炎。肝脏、脾脏肿大，呈局灶性坏死。外周神经水肿，内有各型的淋巴细胞、浆细胞或网状细胞浸润。羽髓中有淤血、水肿。

（二）慢性淋巴瘤型

1. **鸡法氏囊型淋巴瘤**　由完全型 REV 或 REV－T 株（含有辅助病毒）引起。病变主要发生在肝脏和法氏囊。肝脏和其他内脏器官出现结节或弥漫性淋巴病变，包括法氏囊的结节性病变。淋巴瘤的出现频率受毒株及是否引起耐受性感染的影响。

2. **鸡非法氏囊型淋巴瘤**　某些品系的鸡感染非缺陷型禽网状内皮组织增殖性病毒株后，可发生慢性非法氏囊型淋巴病。淋巴瘤局部或弥漫性浸润，通常出现胸腺、肝脏和脾脏的肿大或心肌的局灶性病变；神经肿大。

3. **火鸡淋巴瘤**　以肝脏、肠道、脾脏和其他内脏出现广泛性淋巴浸润为特征。肝脏肿大，为正常的 3～4 倍。肠管变粗，有些出现环形病变。

4. **其他禽淋巴瘤**　鸭表现肝脏肿大，脾脏具有局灶性或弥漫性病变，肠道病变，骨骼肌、胰腺、肾脏、心脏和其他组织出现浸润。雉鸡和草鸡发病特征为头部和口腔出现溃疡病变，内脏器官有结节状淋巴瘤。鹌鹑发病以肝脏和脾脏或肠道病变为特征。

（三）急性网状细胞瘤型

剖检可见肝脏、脾脏肿大，并伴有局灶性灰白色肿瘤结节或是弥漫性肿大。胰脏、心脏、小肠、肾脏及性腺有时可见肿瘤。常见胸腺、法氏囊萎缩现象。偶尔引起火鸡、鸡的外周神经肿大。

四、诊断

（一）现场诊断

根据临床症状和病理变化可作出初步判断，确诊需进行实验室诊断。

（二） 实验室诊断

诊断 RE 不仅需要见到典型的肉眼和组织学病变，而且需要证明 REV 的存在。感染性病毒、病毒抗原和前病毒 DNA 通常存在于肿瘤细胞，这具有诊断价值。

病毒分离和鉴定是最经典、准确的检测方法，因此通常取有病变的禽组织用于禽网状内皮组织增殖症病毒的分离。通常选用抗禽网状内皮组织增殖症病毒阳性血清或禽网状内皮组织增殖症病毒囊膜糖蛋白制备单克隆抗体，建立间接免疫荧光抗体（IFA）、酶联免疫吸附试验（ELISA）以及免疫组织化学等方法检测禽网状内皮组织增殖症病毒抗原。利用分子诊断技术可在肝脏、脾脏、胸腺、法氏囊、骨髓扩增出禽网状内皮组织增殖症病毒的 LTR 基因片段。免疫组化研究表明，病毒最高在肝脏、胸腺、法氏囊、脾脏增生灶内，这些部位阳性信号最强。

可以用血清方法证实 REV 感染，但需从感染鸡血清中检测到抗体。目前市场上有 REV 抗体检测的 ELISA 商品试剂盒出售。病毒中和试验（VN）是 REV 抗体检测最敏感的方法；免疫过氧化物酶空斑试验，也是检测 REV 抗体敏感可靠的方法。也可用病毒中和试验（VN）、琼脂扩散试验（AGP）、酶免疫试验（EIA）和假型中和试验进行检测。

（三） 鉴别诊断

禽网状内皮组织增殖症病毒引起的病变与马立克病和淋巴细胞性白血病十分相似。单纯依靠肉眼和病理组织学观察较难区分，需进行实验室诊断。用单克隆抗体建立的免疫细胞化学技术来检测细胞、肿瘤和病毒抗原，或用分子杂交技术，可对包括禽网状内皮组织增殖症在内的禽病毒性淋巴瘤进行鉴别诊断。PCR可以从禽网状内皮增殖症病毒感染鸡的淋巴瘤和脑中检测到

PEV-LTR 序列，但不能从马立克病或淋巴白血病淋巴瘤的 DNA 中检测到，因此 PCR 技术也可用于禽网状内皮组织增殖症、马立克病和外源性禽白血病的鉴别诊断。

五、综合性防制措施

（一）预防

1. **综合性措施**　净化是控制该病的主要措施，具体措施包括：①控制种鸡来源，种鸡必须来自无禽网状内皮组织增殖性病病毒种鸡场，引种后须严密跟踪监测 1 日龄鸡群母源抗体状况；②选用安全的禽痘或马立克等活疫苗，以免通过接种这些活疫苗引入 REV 病原；③加强饲养管理，实行全进全出的饲养制度，加强通风、保温，降低鸡舍中灰尘、羽毛等传播媒介的数量，增加维生素和蛋氨酸等营养物质，改善家禽的抗应激能力。

2. **疫苗接种**　尽管不提倡使用疫苗来控制 RE，但某些候选疫苗已有报道。鸡免疫接种表达 REV 的 env 基因的重组禽痘病毒或转染 QT35 鹌鹑细胞系产生的空 REV 颗粒，对 REV 感染有一定的保护作用。在适应性犬转化细胞系 D17 上产生的复制缺陷 REV 颗粒接种鸡也表明可产生中和抗体。接种表达 REV 基因的杆状病毒感染鸡也能在其体内产生 REV 抗体。

（二）治疗

尚没有办法治疗 RE。由于免疫应答高于感染，一些发病禽有康复的可能。

（张倩）

参 考 文 献

蔡才标，叶张利，陶秀军 . 2013. 鸡新城疫的发生与防制［J］. 畜禽业，

286 (17)：16 - 18.

柴兰珍，尹继芬，张海鹏．2012. 浅析血管瘤型禽白血病的预防与控制
[J]．中国畜牧兽医文摘，28 (6)：120 - 121.

崔现兰，甘孟侯．1993. 鸡传染性贫血病 [J]．中国兽医杂志，7：46 -48.

狄婷婷，王学理，高原．2009. 鸭病毒性肝炎的研究进展 [J]．安徽农业
科学，37 (32)：15863 - 15865.

董波，蔡敏会，李晓光．2013. 鸡传染性支气管炎的防治 [J]．当代畜牧，
10：10 - 11.

冯云霞．2011. 鸡马立克氏病诊断与防治 [J]．中国畜牧兽医文摘，
27：161.

付健，杭国东，周勇，等．2014. 蛋鸡肾型传染性支气管炎的防制 [J]．
养殖技术顾问，2：98.

甘孟侯．2002. 禽病诊断与防治 [M]．北京：中国农业大学出版社．

高巍，梅梅，王桂军．2010. 鸡传染性喉气管炎病毒江苏分离株的分离鉴定
[J]．中国兽医杂志，46：19 - 21.

李长友，秦德超，肖肖．2011. 一二三类动物疫病释义．北京：中国农业
出版社．

李建伟，刘强．2013. 蛋鸡新城疫流行现状及其防治．家禽科学，9：
34 -36.

李瑞霞．2013. 鸡传染性喉气管炎的鉴别诊断与防治 [J]．当代畜牧，8：
7 - 8.

李文华，耿敬志．2014. 鸡马立克氏病的流行与免疫 [J]．养殖技术顾问，
2：145.

廖雪莲．2012. 鸡马立克氏病的诊断与防控 [J]．养禽与禽病防治，12：
37 - 39.

陆洪菊，赵敏，瞿剑平．2005. 鸡传染性贫血病在我国的流行、诊断及防
制 [J]．上海畜牧兽医通讯，5：54 - 55.

罗晓荣，张成忠，杨芬侠，等．2010. 鸡马立克氏病的病因及防制对策
[J]．畜牧兽医杂志，29：113 - 116.

马世平，燕广斌．2013. 鸡马立克氏病的发病原因及防控措施 [J]．畜牧
兽医杂志，34 (2)：123 - 124.

牛永安，寇永谋．2014. 鸡传染性支气管炎的预防与治疗 [J]．畜牧兽医

杂志，33：114－115.

欧阳文军，秦卓明，周京昌．2005．鸡传染性贫血病研究进展［J］．家禽科学，8：44－47.

齐守军．2013．禽脑脊髓炎的防治［J］．中国畜牧兽医文摘，29：113.

史丽雅，何文环．2013．蛋鸡传染性支气管炎的防治措施［J］．中国畜牧兽医文摘，29：183.

石满满．2013．鸡传染性支气管炎的诊断与控制［J］．山东科技报，7：1.

苏敬良，高福，索勋．2012．禽病学．第2版．北京：中国农业出版社．

苏玉贤．1998．非典型新城疫的免疫防制［J］．中国动物检疫，15（3）：19.

田克恭，李明．2014．动物疫病诊断技术—理论与应用．北京：中国农业出版社．

熊永忠，王秀荣，王笑梅．2002．鸡传染性贫血病流行特点与诊断方法［J］．黑龙江畜牧兽医，9：27－28.

王春梅，江波，李伟奇．2009．鸡传染性贫血的研究［J］．中国畜牧兽医，11：139－140.

王洪进，张青禅，赵冬敏，等．2011．我国近10年鸡白血病流行病学报道与研究分析［J］．中国兽医学报，31（2）：292－294.

王志全，丁鹏，梁媛媛．2014．新城疫研究进展及综合防治［J］．禽业技术，2：136－137.

吴培福，张国中，宋宇，等．2007．鸭病毒性肝炎研究进展［J］．动物医学进展，28（9）：70－73.

王山红，王艳杰，吴洪波，等．2010．小鹅瘟的防制［J］．畜牧兽医科技信息，3：85.

吴清民．2002．兽医传染病学［M］．北京：中国农业大学出版社．

吴志明，动物疫病防控知识宝典［M］．北京：中国农业出版社．2006：214－217.

肖琦，夏继飞，何家惠．2011．传染性喉气管炎的危害及综合防控［J］．兽医导刊，3：31－33.

严作廷，刘家彪，严建鹏．2011．鸡传染性喉气管炎及其防治［J］．中国畜禽种业，2：149－150.

杨泽林，文久富，吴宣，等．2003．鸭病毒性肝炎诊断与防制的研究进展

［J］. 西南民族大学学报，29（3）：356－359.

曾春梅，邓碧亮. 2014. 鸡传染性喉气管炎的流行、临床表现与诊治［J］. 养殖技术顾问，4：18.

赵瑞宏，张小飞，魏建忠，等. 2006. 鸭病毒性肝炎诊断技术研究进展［J］. 动物医学进展，27（4）：42－45.

第三章

寄 生 虫 病

第二十七节　球　虫　病

球虫病是养禽生产中一种重要而常见的疾病。球虫可能侵袭任何一种饲养类型的任何一种禽类，包括鸡球虫病、火鸡球虫病、鸭球虫病、鹅球虫病等。其中，鸡球虫病对养鸡生产的危害十分严重，是养鸡生产中花费最多和最常见的疾病之一，因此受到广泛的关注和重视。鸡球虫病是由孢子虫纲、艾美耳科、艾美耳属中的一种或数种单细胞寄生原虫寄生于鸡肠道上皮细胞所引起的以下痢、血便、生长迟缓、饲料转化率降低、死亡为特征的寄生虫性疾病。主要危害 3 月龄以内的鸡，死亡率可达 80%。病愈雏鸡生长发育受阻，长期不能康复；成鸡多为带虫者，增重和产蛋受到一定影响，且易诱发其他疾病，给养鸡业带来巨大经济损失。

一、流行特点

全世界报到的球虫有 9 个种，其中 7 个种受到公认，分别是柔嫩艾美耳球虫、毒害艾美耳球虫、堆型艾美耳球虫、布氏艾美耳球虫、巨型艾美耳球虫、和缓艾美耳球虫和早熟艾美耳球虫。鸡是各种鸡球虫的唯一宿主。鸡感染球虫的途径是啄食感染性球虫卵囊，凡被病鸡污染过的饲料、饮水、土壤和用具等，都有卵囊存在；而其他鸟类、家畜和昆虫以及饲养管理人员，都可以成为球虫病的机械传播者。

所有日龄和品种的鸡对球虫都有易感性，不过其免疫力发展很快，并能限制再感染。刚孵出的雏鸡由于小肠内没有足够的胰凝乳蛋白酶和胆汁使球虫脱去孢子囊，或者因为有很高的母源抗体，有时对球虫完全无易感性。球虫病一般暴发于 3～6 周龄的鸡，而且很少见于 3 周龄以内的鸡群。由于球虫虫种之间无交叉免疫作用，因此同一群鸡可因感染不同的球虫虫种而暴发数起球虫病。

二、临床症状

急性型病例病程数日至 2～3 周，初期患鸡精神不佳，羽毛耸立，头卷缩，常立一隅，食欲减退，泄殖孔周围的羽毛被排泄物污染、粘连。后期由于肠黏膜的大量破坏和机体中毒的加剧，病鸡出现共济失调、翅膀轻瘫、饮欲增加、食欲废绝，嗉囊内充满液体，鸡冠和可视黏膜苍白、贫血，逐渐消瘦，粪呈水样，并带有少量血液。

慢性型多见于 4～6 月龄的鸡或成年鸡，症状与急性型相似，但不明显，病程稍长，可延续数周至数月。病鸡逐渐消瘦，足和翅膀多发生轻瘫，产蛋鸡产蛋量减少，有间歇性下痢，很少发生死亡。

柔嫩艾美耳球虫引起的盲肠球虫病，开始时粪便为咖啡色，以后变为完全的血便，末期发生痉挛和昏迷，不久死亡。如不及时采取防治措施，死亡率可达 30％以上，甚至全群覆没。

三、剖检病变

病鸡消瘦，鸡冠和黏膜苍白或发青。内脏变化主要发生在肠管，病变的部位和程度与球虫的种属有关。

柔嫩艾美耳球虫主要寄生在盲肠及其附近区域，双侧盲肠显著肿大，某些病例可为正常的 3～5 倍，其中充满凝固的或新鲜的暗红色血液，盲肠壁变厚，并伴有严重的糜烂。

毒害艾美耳球虫主要寄生在小肠中 1/3 段，尤以卵黄蒂前后最为常见。肠壁扩张增厚，有严重的坏死。在裂殖体繁殖的部位，呈明显的淡白色斑点和黏膜上小出血点相间杂。肠壁深部和肠管中均有凝固的血液，外观呈淡红色或褐色。

堆型艾美耳球虫多在小肠前段上皮表层发育，并且同一发育阶段的虫体常聚集在一起，在被损害的肠段（十二指肠和小肠前段）出现大量淡白色斑点，排列成横行，外观呈阶梯样。

布氏艾美耳球虫感染早期寄生于小肠上段，后期侵入小肠下端和盲肠上皮细胞。早期小肠小段黏膜可能被小的瘀点覆盖，严重感染时，整个小肠黏膜呈现干酪样病变斑。

巨型艾美耳球虫多在小肠中段寄生，寄生部位肠管扩张，肠壁增厚，内容物黏稠，可呈淡灰色、淡褐色或淡红色，有时混有很小的血凝块。

和缓艾美耳球虫寄生于小肠前半段，病变一般不明显。剖检鸡时，可见小肠线段苍白。

早熟艾美耳球虫寄生于小肠前 1/3 部位。致病性不强，病变不明显。

四、诊断

（一）现场诊断

通过了解流行病学、观察临床症状和剖检病变，可以作出初步诊断，进一步的诊断需在实验室进行。

（二）实验室诊断

实验室诊断应从鸡群中挑选症状典型的病鸡进行剖检，需检查整个肠管。通常，十二指肠（上段），由堆型艾美耳球虫引起病变；小肠中段，即从十二指肠到卵黄蒂，由巨型、早熟、毒害和和缓艾美耳球虫引起；小肠小段，即从卵黄蒂到与盲肠连接处，由和缓艾美耳球虫、毒害艾美耳球虫和布氏艾美耳球虫引起病变；盲肠，只存在柔嫩艾美耳球虫感染。进一步鉴定球虫的种属，可刮取少许病鸡的粪便或病变部位的黏膜，放在载玻片上，与甘油饱和盐水（等量混合液）1～2 滴调和均匀，加盖玻片，置显微镜下观察，发现卵囊即可确诊，根据卵囊特征可作出初步鉴定。一般情况下多为两个以上虫种混合感染。

五、综合性防制措施

（一）预防

1. **综合性措施** 加强饲养管理。保持鸡舍清洁、卫生、干燥，供应雏鸡复合维生素的饲料，以增强机体的抵抗力。麸皮中含有促进球虫发育的物质，在球虫暴发时，要限制日粮中的麸皮用量；碳酸钙也有促进球虫发育的作用，应当少用。日粮内应加入富含维生素的青绿饲料。

选择有效的消毒方法。一般消毒药很难杀死球虫卵囊，对空鸡舍最好选用火焰消毒法，可以彻底消灭球虫卵囊。对发病的鸡群，投药期间要每日清粪，投药结束后最好彻底清理粪便及垫料或垫上厚厚的一层铺垫物，使鸡群与粪便彻底隔离。

2. **药物预防** 药物预防是鸡球虫病的传统预防方法。鸡用抗球虫药按其化学结构和生产过程大致可分为两类：一类是聚醚类离子载体抗生素，另一类是化学合成的抗球虫药。聚醚类离子载体抗生素主要有莫能菌素、盐霉素、那拉霉素、森杜拉霉素等；化学合成类抗球虫药主要有尼卡巴嗪、地克珠利、氨丙啉、球痢灵等。抗球虫药物或给药方案的选择取决于养鸡的季节和影响鸡只感染球虫的因素。方案包括：单一药物的连续使用，适用于抗球虫指数高、产生耐药性较慢的抗球虫药物，并适宜在饲养周期较短的肉用仔鸡和新饲养场应用；轮换用药，即使用一种抗球虫药一段时间后更换另一种药物，一般以鸡的批次或 3 个月至半年为期限进行轮换，其原则是替换药物之间不能有交叉耐药性，其化学结构不能相似，作用方式不要相同；穿梭用药，即在同一批鸡饲养期的不同生长阶段交替使用不同的药物。一般在同一批鸡的育雏阶段和生长阶段进行两药穿梭或在雏鸡、中鸡和大鸡饲养中进行三药穿梭。

3. 疫苗接种　使用抗球虫疫苗对鸡进行免疫，实践证明其效果良好。用于鸡场计划免疫的球虫疫苗有早熟、中熟、晚熟及早、中、晚熟系联合球虫苗四类。球虫苗的免疫方法有滴口法、喷料法、饮水法及喷雾法等，以滴口法效果最佳，但不适于大型鸡场；喷雾法较适用于设备先进的孵化室；饮水法和喷料法是大型鸡场较为适用的免疫方法。

（二）治疗

鸡场一旦暴发球虫病，应立即进行治疗。常用的治疗药如下：

1. 磺胺类　如磺胺二甲基嘧啶、磺胺喹恶啉等，按一定比例混入饲料或饮水给药。

2. 氨丙啉　按 0.012%～0.024% 混入饮水，连用 3 天。

3. 百球清　2.5% 溶液，按 0.0025% 混入饮水，连用 3 天。

（曲萍）

第二十八节　住白细胞虫病

本病又称白冠病、出血性病，是由住白细胞虫侵害血液和内脏器官引起的一种原虫病，一般寄生在鸡的白细胞（单核细胞）和红细胞内。本病在我国南方比较严重，常呈地方流行。在已知的 28 种住白细胞原虫中，我国发现的有卡氏和沙氏 2 种。

一、流行特点

本病只发现于鸡。住白细胞虫在昆虫体内完成孢子生殖阶段，在鸡的组织细胞中完成裂殖生殖阶段，在鸡的红细胞或白细胞中完成配子生殖阶段。库蠓、蚋分别是卡氏住白细胞虫、沙氏住白细胞虫的昆虫媒介，这两种昆虫的大量孳生季节即为住白血虫病的流行季节。此时，气温在 20℃ 以上，适合媒介昆虫的繁殖。华南地区多发生在 4～10 月份，以 4～6 月为高峰期。2～7月龄鸡多发，而 8～12 月龄成年鸡和 1 年以上的鸡多为带虫者。虫体的裂殖生殖和配子生殖都在鸡的细胞和组织中进行，易造成鸡细胞损伤和血管破裂，从而发生出血和贫血。

二、临床症状

自然感染的潜伏期为 6～10 天。雏鸡症状明显，死亡率高。1 年以上的鸡感染率虽然很高，但症状不明显，发病率较低，多为带虫者。病鸡初发时高烧，精神沉郁，食欲不振，流口涎，下痢，贫血，冠髯苍白，鸡冠上有针尖大的出血点。排黄绿色、翠绿色的稀粪，有时有血便。随病情发展，两肢轻瘫，活动困难。严重的病例因肺出血而呼吸困难或咳血。生长发育迟缓。病程一般为 1～3 天，严重者死亡。产蛋鸡产蛋减少，甚至停产。

三、剖检病变

病鸡口腔内有鲜血，冠发白，全身皮下出血，血液稀薄，腹腔浆膜、脂肪、内脏器官等组织中有广泛出血点或出血斑，有些出血点中心有灰白色结节（巨型裂殖体）。肌肉（胸肌、腿肌及心肌）和肝脏、脾脏等器官常见白色小结节，针尖至粟粒大小，同周围组织界限明显。肠壁、肠系膜的出血点十分明显，有时肠浆膜上可见较多的灰白色小米大的结节（巨型裂殖体）。其他脏器中也有出血性病变，肾脏包膜下有血块，严重的可见两侧肺脏出血，也有的肝脏严重出血致腹腔积血。

四、诊断

（一）现场诊断

需依靠病原学诊断，结合流行病学、临床症状、病例剖检核实验室检查，才能确诊。

（二）实验室诊断

可用血涂片法鉴别配子体。取翅下小静脉或鸡冠等末梢血液，涂薄片，瑞氏染色，高倍镜观察孢子虫虫体。外周血涂片，亮甲基蓝染色，孢子虫有很强的染色反差。或者制作脏器触片，瑞氏或姬姆萨氏染色后镜检。取肌肉中的白色小结节压片镜检，可发现裂殖体。

（三）鉴别诊断

应注意与巴氏杆菌病、传染性法氏囊病、传染性贫血、包含体肝炎等具有全身性出血症状的疾病相区分。住白细胞虫病的出血形态与其他疾病不同。

五、综合性防制措施

及时清除鸡舍周围的杂草、积水，并于 4～10 月期间，每隔 6～7 天在鸡舍周围喷洒农药，消灭库蠓和蚋。鸡舍安装纱窗，防止库蠓进入。可选用磺胺二甲氧嘧啶、复方敌菌净、克球粉等药物治疗或预防。交替用药以防止（磺胺类）药物中毒和耐药性的产生。

（誉占超）

第二十九节 组织滴虫病

组织滴虫病是由火鸡组织滴虫引起的禽类盲肠和肝脏机能紊乱的一种急性原虫病。该病原主要侵害病禽的盲肠和肝脏，故又名盲肠肝炎；又因为该病发展后期出现血液循环障碍，导致病禽头部颜色发紫，因而又称黑头病。鸡异刺线虫可作为组织滴虫的传播媒介。家禽通过摄食被异刺线虫虫卵污染的饲料和饮水而感染，也可因摄食带异刺线虫虫卵和幼虫的蚯蚓而发生感染。

一、流行特点

组织滴虫为原生动物亚界、肉足鞭毛门、鞭毛亚门、动鞭毛纲、毛滴虫目、单尾滴虫科、组织滴虫属。该虫近似球形，在新鲜样品保温镜可观察到伪足，有一根粗壮的鞭毛。显微镜观察时，像阿米巴原虫一样变形，有两根或多根鞭毛，可使虫体呈钟摆运动。组织型组织滴虫没有鞭毛并以几种不同的阶段存在：侵袭阶段的虫体存在于病变的边缘地区，阿米巴形，可形成伪足；营养性阶段的虫体存在于陈旧病变中，虫体较小。

（一）宿主

许多禽类是组织滴虫的宿主，火鸡、鸡、鹧鸪、榛鸡、鹌鹑、孔雀、珍珠鸡、锦鸡均可感染组织滴虫。据调查，除水禽外的驼形目的鸵鸟，鸡形目的火鸡、褐鸡、蓝马鸡、白鹇、红腹锦鸡、环颈雉、蓝孔雀、绿孔雀、珍珠鸡、原鸡、乌鸡、元宝鸡等27种成鸟或幼鸟体内均可携带并感染组织滴虫病。

（二）媒介

组织滴虫的存在与异刺线虫和土壤中的蚯蚓有关。用 1％甲醛防腐的异刺线虫卵在 1～5℃保存 6 个月后尚可致病。离开宿主的组织滴虫，在没有异刺线虫卵和蚯蚓作保护时，在数分钟内即可死亡。在野生群体中，雉和北美鹑类可充当保虫宿主，节肢动物中的蝇、蚱蜢、土鳖和蟋蟀都可作为机械性传播媒介。

（三）发病率和死亡率

国外污染区的火鸡发病率为 89％，死亡率达 70％，人工感染死亡率可达 90％，鸡的死亡率较低。国内有过雏鸡死亡率达 43.6％，成鸡发病率 8.6％，死亡率 2.08％，也有发病率 8.9％，死亡率 55.4％的报道。火鸡死亡率 86.6％，棒鸡死亡率达 64％，乌骨鸡死亡率达 45％。

研究证明，组织滴虫的感染程度可能与很多因素有关：组织滴虫的有些虫株对鸡有较强的毒力；在该地鸡异刺线虫病较为常见，传播广泛；其他疾病影响鸡的免疫功能；与其他疾病发生相互作用导致严重发病。

（四）感染方法和潜伏期

组织滴虫病的症状出现在感染后 7～12 天，症状明显期是在感染后第 11 天，人工感染时，在 25℃条件下孵育到含感染幼虫的异刺线虫卵给宿主做口腔接种，7～9 天后就出现症状，做泄殖腔接种时出现症状的时间可提前 2～3 天。

二、临床症状

病鸡初期精神不振，食欲减少，闭目缩颈，两翅下垂，行动迟缓，怕冷下痢，鸡冠发绀；后期可见病鸡排淡黄色或硫磺色粪便，10 天后部分病鸡排干酪样粪便，如不及时治疗，可使病鸡死亡。病愈康复后体内仍有滴虫，带虫可达数周到数月。

三、剖检病变

组织滴虫病的主要病变在盲肠和肝脏。在感染后第 7 天盲肠最先出现病变，肠壁呈一侧性和双侧性肿胀，肠壁浆液渗出和出血，以后渗出物发生干酪化，形成干酪样肠芯；大约在 14 天后肝脏出现本病特有的多发性坏死灶，坏死灶大小不一，表面多呈圆形成菊花形病灶（坏死灶边缘有许多小颗粒呈放射状分布，眼观呈菊花），少数为圆形凹陷的碟状病灶，剖面见坏死灶向肝实质深层发展，多个坏死灶好似岛屿状分布。

四、诊断

（一）现场诊断

通过了解流行病学、观察临床症状和剖检病变，可作出初步诊断。

（二）实验室诊断

对于组织滴虫病的诊断，目前最常用的是直接查找病原的方法。取病鸡新鲜盲肠内容物，用 30℃左右生理盐水稀释混匀制成悬浮液，取悬浮液一滴于干净的载玻片上，在 400 倍光学显微镜下进行镜检，见一端有短鞭毛且呈钟摆状来回运动的虫体，可确诊。

五、综合性防制措施

（一）综合防控措施

由于组织滴虫病的主要传播方式是通过异刺线虫虫卵为媒

介，因此有效的防治措施就是减少和排除饲养环境中的虫卵。由于感染性虫卵的长期存活，用轮牧的方式不能解决问题，而阳光照射和排水良好的养殖场可缩短虫卵的寿命，因此通过阳光照射和干燥的致死作用可以产生很好的灭卵效果。

单靠管理措施很难把商业饲养的鸡群的发病率控制在很低的水平，因此通常要配合预防性的化学治疗措施。室内饲养因为可以避免接触蚯蚓，所以可减少组织滴虫病的发病率。另外，消毒也可以起到杀灭虫卵的作用。

（二）治疗

在药物治疗方面国外使用抗蠕虫药物来预防，国内一般采用痢特灵和甲硝唑。硝基咪唑类药物对鸡和火鸡均有很强的预防和治疗作用，这些药物在很多国家中依然被使用。对于组织滴虫病的治疗，一定要注意与其他传染性疾病混合感染时，单一的治疗效果不太理想，要注意对症治疗。

（赵柏林）

第三十节　吸　虫　病

吸虫是扁平叶状的一类寄生蠕虫，隶属于扁形动物门、吸虫纲。所有禽类吸虫的生活史都需要软体动物类中间宿主的参与，大多数还需要第二中间宿主。可以导致禽类感染的吸虫种类很多，且寄生部位广泛，常寄生在禽消化道和腔上囊、肝脏、胆管、输卵管、眼、肺脏、肾脏、气管和肝门静脉等部位。在家禽吸虫中，对幼畜危害最大的是寄生在肝脏和胆管的后睾吸虫和次睾吸虫、寄生在家禽眼眶和眼结膜囊的嗜眼吸虫和寄生在肠道的杯尾吸虫。禽感染这类吸虫后的死亡率最高。对幼禽和成禽危害较大的吸虫有卷棘口吸虫、宫川米次棘口吸虫和背孔吸虫，对成禽危害严重的有寄生在气管的嗜气管吸虫和寄生在腔上囊和输卵管的前殖吸虫。

一、流行特点

所有禽类的生活史都需要软体动物类作为中间宿主，有许多种类还需要第二中间宿主。宿主特异性不强，野禽常将感染带至家禽。鸭和鹅由于经常接触螺蛳生活的池塘和小溪最常受到感染。前殖吸虫多见于野禽，有时也出现在鸡群和鸭群。

成虫不断排卵，虫卵随粪便排到外界，虫卵在外界发育为毛蚴。毛蚴在第一中间宿主体内孵出，继而发育为胞蚴、尾蚴。尾蚴逸出第一中间宿主体内漂浮在池塘中，被第二中间宿主或宿主吸入体内，尾蚴形成包囊。禽类食用了感染或含有尾蚴的中间宿主或水草等发病。

前殖吸虫病，是一种前殖科前殖属的多种吸虫寄生在鸡、鸭、鹅等禽或鸟类的直肠、泄殖腔、腔上囊和输卵管内引起的疾病。生活史需要两个中间宿主：第一中间宿主是淡水螺；第二中间宿主是各种蜻蜓的幼虫和成虫。带虫禽类为本病的主要传染源。本病大多呈地方流行，春季和秋季多发。对幼禽危害严重，主要是采食了螺与蝌蚪一起孳生的浮萍或水草饲料而感染。

鸡棘口吸虫病，是一种棘口科的吸虫寄生于鸡的直肠、盲肠和小肠中而引起的疾病。除鸡以外，火鸡、鸭、鹅、鸟类等也易感。对幼禽的危害较大，流行范围广，在我国各地普遍流行。

背孔吸虫病，是一种由背孔属的多种吸虫寄生于鸡的盲肠和直肠内而引起的疾病。该病分布广泛，常呈地方性流行。带虫禽类为本病的主要传染源，其中间宿主为圆扁螺。背孔吸虫的成虫在鸡的肠腔内产卵，卵随粪便排出体外。经过圆扁螺进而发育成雷蚴和尾蚴。成熟的尾蚴在圆扁螺体内或离开螺体附着在水生植物上发育成囊蚴。当鸡啄食含有囊蚴的圆扁螺或水草时而被感染。

对体吸虫病，是一种寄生在鸭肝脏而引起的疾病。虫体长度为 10～15 毫米。鸭是对体吸虫的终末宿主，该病的潜伏期为8～12 天。发病率高，死亡率也很高，对养鸭业的危害大。

二、临床症状

前殖吸虫病一般不表现明显的特征性临床症状，病情严重的常表现食欲不振，饮欲增强，采食后缩于一侧，逐渐消瘦，精神沉郁，羽毛蓬乱，泄殖腔及腹部羽毛脱落，不愿活动。有的病鸡可见腹部膨大，体温升高，腹部触之有痛感。有的病鸡从泄殖腔排出白灰色粪便，病重者可导致死亡。有的从泄殖腔中排出石灰水样液体。产蛋鸡还表现产薄壳蛋、软壳蛋和畸形蛋，蛋易破碎，有的鸡群产蛋率开始下降。

棘口吸虫病轻度感染时表现为肠炎和腹泻。病禽食欲减退、下痢、消瘦、贫血、生长发育受阻等，严重的可导致死亡。

背孔吸虫病可引起下痢，稀便中常带粉红色黏液，渐进性消瘦和贫血，食欲不振，营养不良，生长发育迟缓，喜卧，严重者可发生死亡。

感染对体吸虫病，鸭群采食量明显减少，发病鸭排白色、绿色或白绿相间的稀粪。病鸭精神沉郁，喜扎堆，站立不稳。原地打转或胡乱打转，发病的鸭都为逆时针方向旋转，同时头颈尽量向后背扭抽搐，连续不断地剧烈转动，很快死亡。

嗜眼吸虫病寄生于禽类的瞬膜和结膜内，常感染单侧眼，只有少数病例双眼感染，发病初期流泪，眼结膜潮红，眼睑水肿，眼睑晦暗，呈树枝状充血或潮红。眼结膜有少量针尖状出血点。少数严重病例，角膜深层有可见细小点状混浊，表面光滑晦暗，有的角膜表面形成溃疡，被黄色片状坏死物覆盖，有的突出于眼裂外。结膜膜内有浅黄色线条样黏性，偶见脓性分泌物。眼内虫体较多的病禽最后失明，采食困难，消瘦，进而死亡。

三、剖检病变

虫体寄生位黏膜发炎，增厚。病变程度的轻重因虫体寄生的多少而不同。家禽感染前殖吸虫病后，剖检可见输卵管黏膜充血、增厚，在输卵管壁有透明的虫体，呈棕红色，成虫呈椭圆形，虫体前半部体表有小棘突，多数病例发生腹膜炎，腹腔有黄色混浊积液。部分因炎症加剧而导致输卵管破裂，并继发卵黄性腹膜炎，泄殖腔发炎。家禽感染棘口吸虫病后，剖检可见肠黏膜增厚，有出血点。在回肠与直肠交接处发现 1.5 毫米左右淡粉红色虫体。家禽感染背孔吸虫病后，剖检可见盲肠黏膜损伤、发炎、黏液增多，浆膜表面有少量出血点，黏膜面可发现大量叶片状虫体。感染对体吸虫病后，主要以肝脏的病变为主，肝脏质地变脆，内部有大小不等的孔洞，且充满了寄生虫。胆囊极易破碎，胆汁充盈呈墨绿色。卵泡出血，呈灰黑色。肠黏膜易脱落。家禽感染嗜眼吸虫病后，眼结膜有少量针尖大小的出血点，少数严重病例，角膜深层有细小点状混浊，有的角膜表面形成溃疡，覆盖有黄色片状坏死物，剥离后可见出血，在瞬膜下或球结膜处可见虫体。

四、诊断

(一) 现场诊断

根据流行病学、临床症状（如在病患部位发现虫体或者用漂浮法在粪便中找到虫卵）便可进行初步诊断。

（二）实验室诊断

通过剖检寄生部位查到虫体形态可进一步确诊。

五、综合性防制措施

（一）预防

1. **加强饲养管理** 注意饲料和饮水的质量。从源头上控制各种传染病和寄生虫病。散养禽不要在沼泽和低洼地区或流行区域内放养。保持舍内干燥、清洁，温湿度要适中。

2. **加强青饲料和饮水的卫生管理** 如果选择水生作物作为饲料，应先经过阳光暴晒等无害化处理再投喂。饮用水来自清洁的井水、自来水或流动的河水。

3. **定期驱虫** 驱虫的次数和时间必须与当地的实际情况及条件相结合。可选择芬苯达唑粉，每3个月驱虫一次，每吨饲料拌入本品700克，连喂7天。也可采用槟榔驱吸虫。

4. **搞好粪便处理** 粪便要及时清除并经堆积发酵等以杀死虫卵，特别是驱虫后的粪便更需进行无害化处理。病死鸭及淘汰鸭要进行无害化处理。

（二）治疗

用丙硫苯咪唑、伊维菌素注射液皮下注射和阿苯达唑内服，能有效驱除常见的禽前殖吸虫、背孔吸虫和棘口吸虫。

驱除对体吸虫可选择吡喹酮片，每千克体重内服30毫克，4天后再服用一次。同时采取对症治疗，应使用保肝护肝类药物治疗。

驱除嗜眼吸虫可选择75％酒精滴眼，从内眼角扒开瞬膜，用棉签吸干泪液后，立即滴入4～6滴酒精。该方法驱虫操作简便，可使症状很快消失，驱虫率可达100％。

（徐一 任国鑫）

第三十一节 绦 虫 病

绦虫病是由绦虫寄生于鸡肠道而引起的一类寄生虫病。不同年龄与品种的鸡均可感染本病，但以17～40日龄的雏鸡易感。经口食入含有绦虫卵囊的中间宿主（绦虫存活的动物体，如蚂蚁、金龟子、象蝇、蛞蝓）而感染。本病多发生于夏秋季节。环境潮湿，卫生条件差，饲养管理不良均易引起本病的发生。近年来成年鸡发病较多，尤其以产蛋鸡较为多见，经常造成较大的经济损失。因此绦虫病的预防已经成为目前产蛋鸡饲养过程中的一项必做的免疫程序。

一、流行情况

发病鸡以产蛋后的成年鸡为主，少数为肉鸡。流行季节以每年6～10月天气炎热时为主。产蛋鸡表现为产蛋下降，但无畸形蛋、薄壳蛋、砂壳蛋和褪色蛋出现，鸡群饮水、采食正常，鸡冠、面部及腿部皮肤苍白，贫血症状明显。肉鸡亦出现血便等症状，易与球虫病和肠毒综合征混淆，整体鸡群表现为肉料比下降。绦虫的孕卵节片成熟后自动脱落，并随宿主粪便排到外界，被甲虫、蚂蚁、苍蝇等中间宿主吞后，节片和卵囊被消化，六钩蚴虫逸出并钻入中间宿主的体腔内，经2～3周发育形成似囊尾蚴（温度低时可延长至60天以上），鸡吃到带有囊尾蚴的中间宿主而被感染。

二、临床症状

病鸡食欲不振，消化不良，消瘦，精神沉郁，极度衰弱，羽毛松乱，贫血，鸡冠和黏膜苍白，生长缓慢，下痢，粪便稀薄，粪中混有白色绦虫节片，有时粪中混有血样黏液，鸡相互啄肛、啄毛。轻度感染雏鸡发育受阻，轻度感染成鸡产蛋量下降或停止产蛋。寄生绦虫多时，鸡肠管堵塞，肠内容物通过受阻，发生肠管破裂和腹膜炎。绦虫的代谢产物可造成鸡只中毒而出现神经症状，严重感染时部分病鸡进行性麻痹，麻痹从两脚开始逐渐波及全身，个别严重病例常因感染细菌性疾病或病毒性疾病而衰竭死亡，部分病例经一段时间后自愈，但生产性能受到影响。

三、剖检变化

病变鸡的肌肉苍白或黄疸。肝脏土黄色，边缘偶见坏死区域。卵泡正常或少量充血，但输卵管内多数有硬壳蛋。肠道内壁有假膜覆盖，易刮落，空肠及回肠内有胡萝卜样分泌物，部分死亡鸡肠壁变薄，肠黏膜脱落明显，从肠道外侧可以看到肠道内未消化的饲料。部分鸡肠道内有绦虫节片，个别部位绦虫堆聚成团，堵住肠管，直肠有血便。

四、诊断

（一）现场诊断

通过了解流行病学、观察临床症状和剖检病变，可以作出初步诊断。

（二）实验室诊断

1. **细菌培养**　以无菌操作法采取病死鸡的肝脏、脾脏组织做触片，分别经瑞氏染色和革兰氏染色后镜检，未发现致病菌。用划线法将病变组织接种于鲜血琼脂平板培养基，37℃培养36小时，未见菌落生长。

2. **粪便检查**　在粪便中，可找到白色米粒样的孕卵节片。

夏季气温高时，可见节片向粪便周围蠕动，取此节片镜检，可发现大量虫卵。

3.生理盐水悬浮检查 将鸡的肠道剪开后，平铺于烧杯底部，然后向烧杯中加入生理盐水（以淹没肠组织为度），观察到有虫体漂浮于水面。

五、综合性防治措施

（一）预防

改善环境卫生，加强粪便管理，消灭中间宿主（如蚂蚁、苍蝇、金龟子），及早进行药物驱虫。由于鸡绦虫的生存必须依靠特定种类的中间宿主，因此预防和控制鸡绦虫病的关键是消灭中间宿主。经常清扫鸡舍，及时清除鸡粪，并对其进行堆集发酵处理，利用生物热灭杀虫卵。同时做好防蝇灭虫工作，幼鸡与成鸡分开饲养，采用全进全出的养殖模式。饲养肉鸡时，一定及时调整网眼的大小，使粪便全部漏下，使鸡不能接触粪便。消灭苍蝇等中间宿主，每年苍蝇流行季节在饲料中添加蝇蛆净以消灭苍蝇幼虫蛆，墙壁定期喷洒杀虫剂。临床剖检要仔细观察，有条件的结合实验室检查为好。为防止和控制中间宿主的孳生，饲料中可以添加环保型添加剂，绦虫流行季节饲料中添加环丙氨嗪定期驱虫，鸡60日龄和120日龄各进行一次预防性驱虫。

（二）治疗

首选药物为吡喹酮，按每千克体重10～20毫克拌料，一次拌料投服。灭绦灵片每千克体重用药50～60毫克，一次拌料投喂。丙硫咪唑每千克体重用药10～25毫克，一次拌料投喂，连用2次。由于绦虫的头牢固地吸附在肠壁上，用药后往往后面的节片已被驱出，而头节还没有驱出，经过2～3周，又重新长出节片变成一条完整的绦虫。因此第1次喂药后，隔2～3周再驱虫 1 次，才能达到彻底驱除绦虫的效果。治疗时，有些传统抗球虫药物效果不佳，可能与耐药性有关，因此建议在治疗绦虫时可使用南瓜子、氯硝柳胺等，连续用药 2 次，2 次间隔时间以 5 天为好。另外，预防投药的日龄，也不应只是在蛋鸡开产前，应根据季节，每年春秋各进行一次为宜。治疗绦虫的同时，还应注意增加饲料中维生素 A 和维生素 K 的含量，适量加入四环素等防止肠道梭菌混合感染，同时应加强饲养管理，增加饲料的营养。

（孙雨）

第三十二节　线虫病

线虫是禽类寄生虫中最重要的一类，其种类之多、危害之大，均远远超过吸虫和绦虫。尽管现代饲养技术已显著地改变了许多种寄生虫，但线虫仍然是许多地区禽类的重要寄生虫。禽类进行规模化养殖后，一些需要昆虫或螺作为中间宿主的寄生虫虽然已被消灭，但仍有一些线虫严重影响家禽的养殖。例如，蛔虫、盲肠虫及毛细线虫，具有直接生活史而且生殖能力强，能在禽舍周围的环境中旺盛生长繁殖。禽类感染线虫后，主要表现食欲不振或废绝，贫血，下痢和消瘦。如成年禽类产蛋量下降，甚至停止产蛋；雏禽生长发育不良，逐渐衰弱引起死亡。

一、流行特点

禽类线虫有直接发育和间接发育两种类型。大约一半禽类线虫的发育不需要中间宿主；另外一些需要，如昆虫、螺蛳、蚯蚓作为中间宿主以完成其发育。线虫一般经过 4 个发育期进入第 5 期或最后阶段，每期虫体只有蜕皮后才能进入下一个发育阶段。有些虫卵在宿主体内时已开始发育，其他虫卵需要适宜的外界环境条件以发育到具有感染性并到达新的宿主。大多数虫卵被新的终末宿主或中间宿主摄食后才开始孵化，但也有一些虫卵在环境中即可孵化并释出自由生活的幼虫。有些线虫的虫卵仅需数日即可完成发育，而另一些种则需数周。不同的线虫由于其发育方式的不同，因而形成了不同的流行特点。

鹅裂口线虫病，是一种裂口线虫寄生于鹅的肌胃中而引起的疾病。夏秋高温潮湿季节易感染此病，寄生裂口线虫的病鹅为传播者，虫卵随其粪便排出，在 30℃ 左右的温度和适宜的湿度下，1 天内即形成第一期幼虫；再经 4 天左右，变为感染期幼虫；然后脱离卵壳，进入外界环境或野菜、野花、水草上，当鹅吞入带有感染期幼虫的菜和草后即染病。被吞入的幼虫 5 天内停留在腺胃内，以后进入肌胃，经一段时间发育为成虫，危害鹅只。

毛细线虫的雌虫在寄生部位产卵，虫卵随禽粪便排到外界。或在中间寄主体内发育为具有感染性阶段，被禽吞入后，幼虫逸出，进入寄生部位黏膜内，虫卵约经 30 天发育为成虫。

胃线虫的雌虫在寄生部位产卵，卵随粪便排到外界，被中间宿主吞入后，经 20～40 天发育为感染性幼虫，家禽因吃这些中间宿主而感染。在禽胃内，中间宿主被消化而释放出幼虫，并移行到寄生部位，经 27～35 天发育为成虫。

比翼线虫的雌虫在气管内产卵，卵随气管黏液到口腔被咳出，或被咽入消化道，随粪便排到外界。在适宜条件下，虫卵约经 3 天发育为感染性虫卵，再被蚯蚓、蛞蝓、蜗牛、蝇类及其他节肢动物等吞食，在其肌肉内形成包囊而具有感染鸡的能力。鸡因吞食了中间宿主被感染，幼虫钻入肠壁，经血流移行到肺泡、细支气管、支气管和气管，于感染后 18～20 天发育为成虫。

鸡蛔虫的雌虫在鸡小肠内产卵，随鸡的粪便排到体外。虫卵抗逆力很强，在适宜条件下，约经 10 天发育为含感染性幼虫的虫卵，在土壤内生存 6 个月仍具感染能力。鸡因吞食了被感染性虫卵污染的饲料或饮水而感染。幼虫在鸡胃内脱掉卵壳进入小肠，钻入肠黏膜内，经血液循环和一段时间后返回肠腔发育为成虫，此过程需 35～50 天。除小肠外，在鸡的腺胃和肌胃内，有时也有大量虫体寄生，3～4 月龄以内的鸡最易感染和发病。

二、临床症状

线虫的宿主有鸡、火鸡、鹅、松鸡、珍珠鸡、鹧鸪、雉、鹌鹑。通常寄生部位是食道和嗉囊黏膜。不同种类线虫在禽类身上有着不同的寄生部位。有的在消化道寄生，如鹅裂口线虫、环形毛细线虫、平燃毛细线虫；有的在呼吸道寄生；如气管比翼线虫；有的甚至可以寄生于肝脏、肺脏、输卵管和体腔内，如鸡蛔虫。通常患有线虫病的禽精神萎靡，头下垂，食欲不振，常做吞咽动作，消瘦，下痢。严重者，各种年龄的禽均可发生死亡。

鹅裂口线虫病可引起食欲消失，精神沉郁，羽毛灰暗松乱，体弱、贫血、下痢，步行摇摆，严重时可引起死亡。

毛细线虫病外观如毛发，是发生于家禽、野禽和鸽子的一种寄生虫病，由线虫类寄生虫引起。其中鸽毛细线虫寄生于小肠，捻转毛细线虫和环形毛细线虫寄生于嗉囊和食管。经口感染，发病率、死亡率通常较低。线虫种类不同，虫卵的潜伏期也不同。有些种类以蚯蚓为中间宿主，有些直接在禽类之间传播。虫卵在环境中抵抗力很强。轻度感染时，没有明显的症状。严重感染时，无论雏禽和成年禽，常引起肠炎症状，病禽下痢，严重时可发生死亡。

禽胃线虫体寄生量小时症状不明显，但大量虫体寄生时，患禽消化不良，食欲不振，精神沉郁，翅膀下垂，羽毛蓬乱，消瘦、贫血、下痢。雏禽生长发育缓慢，成年禽产蛋量下降。严重者可因胃溃疡或胃穿孔导致死亡。

气管比翼线虫可寄生于肺泡内。病禽表现不适感，精神差，呼吸困难，咳嗽。由于虫体的刺激，病禽不断甩头，流出黏液，营养不良，消瘦，贫血。在新鲜禽尸气管内虫体呈红色或粉红色，在死亡时间较长的禽尸气管内的虫体呈暗红或灰红色。

感染蛔虫可使家禽体重减轻，严重感染时可能引起肠梗阻。禽大量感染蛔虫时，可出现失血、血糖浓度降低、尿酸盐含量增加、胸腺萎缩、生长受阻、死亡率增高。

三、剖检病变

虫体寄生部位黏膜发炎，增厚，黏膜表面覆盖有絮状渗出物或黏液脓性分泌物，嗉囊和食道壁常有炎症。病变程度的轻重因虫体寄生的多少而不同。严重感染时，寄生部位内壁增厚、变得粗糙、高度软化，成团的虫体主要集中在剥脱的组织内。黏膜溶解、脱落甚至坏死。家禽感染气管比翼线虫后，剖检可见气管内有炎性渗出物，气管壁充血、出血；有的病例肉眼可发现气管比翼线虫。家禽感染异刺线虫后，心脏为暗红色，其内充满血凝块；肺脏瘀血；肝脏呈土黄色；胆囊周围为黄绿色；小肠壁增厚，盲肠肿大，有溃疡。肠道寄生线虫病死禽的肠道显著出血，含绿色黏液样内容物，有剥脱的坏死上皮碎片。

四、诊断

（一）现场诊断

根据临床症状，打开口腔查看及用棉拭子擦裹，在病患部位发现虫体或者用漂浮法在粪便中查到虫卵便可初步诊断。

（二）实验室诊断

需根据流行病学，通过剖检寄生部位查到的虫体形态进一步确诊。

五、综合性防制措施

(一) 预防

1. 提倡现代化养禽方式，特别是笼养方式，对于禽类线虫的感染数量和种类有着重要影响。

2. 保持禽舍内外的清洁，及时清扫粪便，保持饲槽、饮水器的清洁，并定期消毒。

3. 加强饲养管理，饲料中应保持足够的维生素 A、B 族维生素及动物蛋白。

4. 将雏禽与成年禽分开饲养，防止成年禽带虫传染给雏禽。

(二) 治疗

用消旋四咪唑按每千克体重 40 毫克剂量，能有效驱除 3 种常见的鸡线虫——鸡蛔虫、鸡异刺线虫和封闭毛细线虫。给火鸡服用左旋四咪唑每千克体重 30 毫克，驱除其自然感染的异形蛔虫、鸡异刺线虫和封闭毛细线虫也很有效的。在饮水中加入 0.06% 或 0.03% 的左咪唑可以去除大部分异形禽蛔虫的成虫和幼虫。

对鹅的鹅裂口线虫康苯咪唑 (60 毫克/千克) 最为有效，不论是驱成虫还是驱幼虫。噻嘧啶 (100 毫克/千克) 驱成虫有效。用盐酸四咪唑 (40 毫克/千克) 驱虫，也有成功的例子。甲苯咪唑 (10 毫克/千克) 连用 3 天，可驱除全部虫体。苯硫咪唑亦有效。

左旋咪唑用于胃线虫病治疗时，按每千克体重 20~30 毫克，混入饲料中喂给；或配成 5% 水溶液嗉囊内注射；或用噻苯唑按每千克体重 300~500 毫克，一次内服。

驱除比翼线虫可以用甲苯咪唑喂食，预防量 0.0064%，治疗量 0.0125%。康苯咪唑比噻苯咪唑或二碘硝基酚效果更好一些。用康苯咪唑进行控制，3 次服用分别在感染后 3~4 天、6~7 天和 16~17 天。

　　哌嗪化合物已被广泛用于治疗蛔虫病。哌嗪经饮水给药（0.1%～0.2%），单独投服的剂量为每只鸡 50～100 毫克。对火鸡，加入水中剂量与鸡的相同，但单独投服的剂量在 12 周龄以下的为每只 100 毫克，12 周龄以上的每只 100～400 毫克。在一定时间内，有高浓度的哌嗪与虫体接触，对于驱除最大量的虫体是非常重要的。因此，为收到最佳效果，应让禽在数小时内食入足量哌嗪。将哌嗪投入饮水中，对商品鸡群是最实用的方法。哌嗪对幼虫期的效果较差。另外可用苯硫咪唑按每千克体重 8～10 毫克，连服 3～4 天。

（韩泰）

第三十三节　外寄生虫病

　　家禽外寄生虫病的病原种类甚多，分布广泛，一般引起慢性、消耗性疾病，不仅影响家禽的生长发育，降低产品质量，甚至造成动物死亡。引起家禽外寄生虫病的病原体属于节肢动物，其对家禽的危害包括直接危害和间接危害。直接危害即节肢动物本身对家禽造成的危害，它们寄生于家禽体时，可引起特异性疾病，如膝螨病等。

　　节肢动物的侵扰或寄生，不仅会使家禽营养不良，消瘦，贫血，生长发育缓慢，产蛋量下降，甚至可发生大批死亡。间接危害即节肢动物作为某些疾病的传播者或媒介，可传播某些细菌、病毒、立克次氏体、原虫或蠕虫幼虫等，如软蜱可传播鸡螺旋体病，蠓和蚋可传播鸡住白细胞原虫病等。因此外寄生虫病是家禽养殖业中不可忽视的疾病。

一、流行特点

　　外寄生虫的存在与否是随着养禽业的发展而不断变化的，禽舍中的外寄生虫也会发生变化。曾在禽群中常见的一些害虫，在现代化养禽设施中很少出现。一些过去不重要的害虫，如今却成了重要的害虫。如虱这样的害虫，需在禽之间传播，因此虱子的问题在现代化养禽业中较过去少见。然而，随着养禽业的集约化发展，员工管理家禽生产活动中传播害虫的机会增加。例如，林禽刺螨可以离开宿主存活很长时间，它可通过蛋盘、其他设施、公司服务人员的衣服以及野禽和啮齿动物传播。因此，螨类仍为严重的问题。舍饲类型可能是某些螨类和蝇类感染程度的决定性因素。鸡皮刺螨（红螨）通常不感染笼养鸡。然而，随着禽饲养密度增加，红螨则更为常见。禽类的高密度饲养有利于林禽刺螨的传播，螨可以在禽身上完成生活史并在禽之间自由迁移。现代肉鸡场很少有外寄生虫问题，运输到场内的肉雏鸡很少或没有寄生虫。在肉鸡屠宰前，寄生虫无足够的时间增殖到可以构成危害的数量。

二、临床症状

节肢动物不断地反复侵扰家禽或在家禽体的寄生，妨碍家禽安宁，影响采食和休息，破坏羽毛，吸食血液或组织液。另外还能分泌有毒素的唾液，引起被叮咬部位红肿痒痛，皮肤损伤，易导致继发感染，常见禽外寄生虫有如下几种。

虱：禽虱以家禽的羽毛和皮屑为食，有时也吞食皮肤损伤部位的血液。寄生量多时，禽体奇痒，因啄痒造成羽毛断折、脱落，影响休息，病鸡瘦弱，生长发育受阻，产蛋量下降，皮肤上有损伤，有时皮下可见有出血块。

蜱：软蜱吸血量大，危害十分严重，可使禽类贫血，消瘦，衰弱，生长缓慢，产蛋量下降，并能引起蜱性麻痹，甚至造成死亡。

鸡膝螨：生活史全部在鸡体上进行，属永久性寄生虫。突变膝螨在鸡腿无毛处及脚趾部皮的坑道内进行发育和繁殖，引起患部炎症，发痒，起鳞片，继而皮肤增厚，粗糙，甚至干裂，渗出物干燥后形成灰白色痂皮，如同涂石灰样，故称"石灰脚"，严重时病鸡腿瘸，行走困难，食欲减退，生长缓慢，产蛋减少。鸡膝螨寄生于鸡的羽毛根部，刺激皮肤引起炎症，皮肤发红，发痒，病鸡自啄羽毛，羽毛变脆易脱落，造成"脱羽症"，多发于翅膀和尾部大羽，严重者，羽毛几乎全部脱光。

鸡刺皮螨：轻度感染时无明显症状，侵袭严重时，患鸡不安，日渐消瘦，贫血，生长缓慢，产蛋减少，并可使雏鸡成批死亡。人受侵袭时，虫体在皮肤上爬动和穿刺皮肤吸血引起轻微痒痛，继而受侵部位皮肤剧痒，出现针尖大到指头肚大的红色丘疹，丘疹中央有一小孔。

三、诊断

（一）现场诊断

通常通过在禽皮肤或羽毛上发现虫体或虫卵进行诊断。

（二）实验室诊断

在寄生虫感染中，检查出寄生虫病原体是确诊的依据。根据临床诊断提供的线索，在实验室通过标本的采集、处理、检验、分析等采取不同的检查方法。对于肉眼可见的大部分蠕虫和节肢动物，根据其标本来源和形态特征可作出初步判断。对于原虫等肉眼无法见到的小型寄生虫，则需借助显微镜观察诊断。

（三）鉴别诊断

虱个体较小，一般体长 1～5 毫米，呈淡黄色或淡灰色，由头、胸、腹三部组成，咀嚼式口器，头部一般比胸部宽，上有 1 对触角，由 3～5 节组成。有 3 对足，无翅。虱的种类很多，常见的寄生于鸡的有鸡大体虱、鸡头虱、鸡羽干虱等。寄生于鸭和鹅的有细鸭虱、细鹅虱、鸭巨毛虱和鹅巨毛虱等。虫卵常簇结成块，黏附于羽毛上。

软蜱体扁平，呈卵圆形，淡灰黄色。假头位于前部腹面，从背面看不到。体缘薄锐，呈条纹状或方块状。背面与腹面以缝线分界。表皮上有细小的皱褶和许多呈放射状排列的凹窝，无眼。幼虫3对足，若虫和成虫4对足。

膝螨雄虫大小为（0.195～0.2）毫米×（0.12～0.13）毫米，卵圆形，足较长，足端各有一个吸盘。雌虫大小为（0.4～0.44）毫米×（0.33～0.38）毫米，近圆形，足极短，足端均无吸盘。雌虫和雄虫的肛门均位于体末端。鸡膝螨比突变膝螨更小，直径仅0.3毫米。

刺皮螨科寄生于鸡、鸽等宿主体表，以刺吸血液为食，也可侵袭人吸血。虫体呈淡红色或棕灰色，长椭圆形，后部稍宽，体表布满短绒毛。体长（0.6～0.75）毫米，吸饱血后体长可达1.5毫米。刺吸式口器，一对螯肢呈细长针状，以此穿刺皮肤吸血。腹面有四对足，均较长。

四、综合性防制措施

（一）预防

1. **综合性措施**　对于外寄生虫的防治应强调控制害虫的综合性措施。通过以下措施可最大限度地减少外寄生虫的危害：①空档期要彻底清洁禽舍；②通过全进全出，减少外寄生虫的危害；③鸡舍建筑光滑，并用围网防止野禽进入；④实施完善的防鼠方案；⑤保持粪便干燥以阻止蝇类孳生。

外寄生虫的不同生活习性与生物学特点，对防制措施很重要。任何单一的方法都不可能成功地控制螨类，因为不同种类的螨有不同的习性。为确保选择科学合理的综合性控制措施，必须借助实验室等诊疗机构准确地鉴别虫种。

（二）治疗

合成的和天然的除虫菊酯类、有机磷类和氨基甲酸酯类杀虫剂是杀灭外寄生虫和蝇类的主要化学制剂，可直接用于禽类、垫草或禽舍的杀虫。一般而言，化学杀虫剂和消毒剂不宜混合使用。过去常用的杀虫剂对现代养禽业来说太费人力，已不适用。在植物性杀虫剂中，虫菊酯灭蝇仍很有效，是灭蝇喷雾剂和烟雾剂的主要成分，与增效剂合用效果更佳。

（韩焘）

参 考 文 献

陈云斌．2010．鹅嗜眼吸虫病的防治［J］．水禽世界，3：35．

邓治邦，傅童生．1996．火鸡实验性组织滴虫病病理形态学观察［J］．中国兽医科技，12．

董运启，梁来信，赵显忠，等．1997．鸡组织滴虫病的诊治［J］．中国兽医寄生虫病，2．

杜云良，米同国，刘书转．2001．鸡住白细胞原虫病及防制．中国家禽，1：44-45．

范庆红，杨显东，原丽丽，等．2006．散养鸡棘口吸虫病的诊治［J］．禽病防治．

甘孟侯．2003．中国禽病学［M］．北京：中国农业出版社．

高金海，王玲，赵书香，等．2008．鸡绦虫病的诊断与治疗［J］．河南畜牧兽医，29（4）：40．

郭玉璞．2007．鸡病防治［M］．北京：金盾出版社．

侯月娥．2008．鸡组织滴虫病的病理学诊断［J］．广东畜牧兽医科技，5．

李书真，李锡和，梁家攀，等．2011．鸡球虫病的诊断及综合防治［J］．兽医导刊，8：27-28．

李任峰，王三虎，王久长．2006．鸡绦虫病的诊治［J］．畜牧与兽医，38

（11）：45.

李英平．2013.不可小视的禽体外寄生虫—虱和螨［J］.中国动物保健，4.

林昆华，张伟薇，汪明．1989.鸡细背孔吸虫病的诊疗报告［J］.当代畜牧，11：38-39.

刘辉哲，王国成．2007.鸡绦虫病的诊断及其防治［J］.今日畜牧兽医，8（1）：39.

吕俊．2009.鸡住白细胞原虫病的诊治［J］.畜牧兽医科技信息，1：101.

马文戈，刘崇向．2001.珍珠鸡、贵妃鸡组织滴虫病的诊断与防治［J］.中国兽医杂志，5.

秦泽云．1988.火鸡组织滴虫病及其研究进展［J］.内蒙古农牧学院学报，1.

任志国．2010.鸡前殖吸虫病的诊治［J］.养殖技术顾问，8：141.

史玉新．2014.鸡绦虫病的流行及治疗［J］.湖北畜牧兽医，35（3）：37.

王冰，高玉琢，崔玉富．2014.浅析鸡住白细胞病诊断与防控措施.中国畜禽种业，3：150-151.

王芳菲．2009.我国部分地区鸡外寄生虫病的调查分析［J］.中国家禽.

汪明．2003.兽医寄生虫学［M］.第3版.北京：中国农业出版社：284-288.

王省良．1991.畜禽体外寄生虫药物防治研究进展［J］.黑龙江畜牧兽医，2.

王新华．2008.鸡病诊疗原色图谱［M］.北京：中国农业出版社.

翁亚彪．1986.家禽常见的外寄生虫［J］.养禽与禽病防治.

吴恩勤．2002.鹅裂口线虫的诊治［J］.中国家禽，24（9）：1004-6364.

吴如宾．2004.鸡组织滴虫病的防治［J］.养禽与禽病防治，6.

许鹏如．1981.广东省家禽吸虫病调查研究［J］.华南农学院学报，3：15-21.

杨燕．2013.鸡绦虫病的预防与治疗［J］.农民致富之友，6：183.

姚志刚，程树林，刘玉忠，等．2012.土鸡夏季常见三种吸虫病及其防治［J］.吉林农业，4：201.

殷凤彬，李忠，米瑞娟．1998.鸡前殖吸虫病的诊治［J］.中国家禽，20（3）：47.

于巧玲．2007．鸡蛔虫病的诊治 [J]．新疆畜牧业，1：65．

张凤艳，宫长富．2011．鸡吸血虫病的病原特点及临床症状 [J]．养殖技术顾问，12：161．

张毅强．2012．家禽主要体外寄生虫与预防控制 [J]．广西畜牧兽医，28 (2)：1002 - 5235．

钟卫兵．2006．鸡比翼线虫感染的诊治 [J]．中国兽医杂志，9：53 - 53．

邹圣红，邓华成．2013．鸭对体吸虫病的诊治 [J]．中国兽医杂志，49：81．

朱丽娟．2012．鸡线虫病的临床症状与防治措施 [J]．养殖技术顾问，1：155．

图书在版编目（CIP）数据

常见禽病及其防制／亢文华，翟新验，陈西钊主编
.—北京：中国农业出版社，2015.4（2018.6 重印）
ISBN 978-7-109-20292-4

Ⅰ.①常…　Ⅱ.①亢…　②翟…　③陈…　Ⅲ.①禽病-
防治　Ⅳ.①S858.3

中国版本图书馆 CIP 数据核字（2015）第 058912 号

中国农业出版社出版
（北京市朝阳区麦子店街 18 号楼）
（邮政编码 100125）
责任编辑　周晓艳

北京万友印刷有限公司印刷　　新华书店北京发行所发行
2015 年 4 月第 1 版　　2018 年 6 月北京第 17 次印刷

开本：850mm×1168mm　1/32　印张：4.625
字数：113 千字
定价：15.00 元
（凡本版图书出现印刷、装订错误，请向出版社发行部调换）